UN163899

アジア ローカル企業のイノベーション能力

日本・タイ・中国
ローカル2次サプライヤーの比較分析

赤羽 淳
土屋 勉男 著
井上 隆一郎

同友館

⊙目次⊙

序章
本書の問題意識

(1) 本書の背景とねらい

今日の自動車産業には,「電動化」,「自動運転」,「ライドシェア」などの新たな市場・技術トレンドやビジネスモデルが誕生している。そしてそれに伴い,自動車関連企業の直面する経営課題も多様化,複雑化している。一方で,日本の自動車市場(1) は,1990年に約780万台のピークに達したあと,人口の高齢化や若者の自動車離れ,あるいは保有構造の変化によって市場トレンドは拡大から縮小に転じた。2017年の市場規模は約520万台と1990年時点から約260万台縮小している。このように国内市場が成熟したことで,日本の自動車メーカーやそれらの企業にユニット部品を提供する1次サプライヤーは,積極的に海外進出をしている。「グローバル化」も今日の日本の自動車関連企業にとって,重要な経営課題の一つである。

日本の自動車関連企業のグローバル化というと,北米進出が嚆矢と位置付けられるが,近年では特にアジアへの進出が活発化している。1970年代頃のアジア進出はノックダウンを中心に,日系メーカーの現地のオペレーションは限られていた。しかしその後,円高の進展やアジア現地市場の成長によって,徐々に生産活動が日本からアジアへ移管されていった。そして今日では,研究開発もアジアで行われるようになり,アジアで生産された自動車が日本に逆輸入され,販売されるケース(2) もでてきている。またアジア主要国,特に東南アジアでの日系自動車ブランドのシェアも軒並み高い。たとえば2017年の日系自動車ブランドのシェアは,タイ市場では84.3%,インドネシア市場で97.8%となっている(3)。

---

(1) 登録車と軽自動車を合計した新車登録台数。
(2) 日産自動車は2010年から小型乗用車マーチの生産をタイに移管し,日本で販売するマーチもタイから逆輸入している。同様に三菱自動車も2012年から小型乗用車ミラージュの生産をタイに移管し,日本で販売するミラージュもタイから逆輸入している。
(3) マークラインズホームページhttps://www.marklines.com/ja/statistics/flash_sales/salesfig_thailand_2017, https://www.marklines.com/ja/statistics/flash_sales/salesfig_indonesia_2017(2018年2月26日アクセス)。

以上のように振り返ると，日本の自動車メーカー，1次サプライヤーのアジア事業は順調に推移してきたようにみえるかもしれないが，近年では欧米系や韓国系の自動車メーカーもアジア事業を強化している。また，中国では地場の自動車メーカーが低価格で商品力の高い自動車を生産できるようになりつつある。このように，アジア自動車市場の競争環境はより厳しくなり，日本の自動車メーカー，1次サプライヤーは，さらなる競争力の強化が必要な状況を迎えている。

それでは日本の自動車メーカー，1次サプライヤーにとって，必要な競争力強化のポイントは何であろうか。欧米系，韓国系，アジア地場系との競争を考えた場合，もっとも重要な要素は製品の価格競争力を強化していくことであろう。これまで日本の自動車メーカーはこの命題に対して，ひとつにはアジア向けにカスタマイズした商品開発で応えようとしてきた。しかしこの試みは，これまでのところ成功と失敗が相半ばしている状態である(4)。

一方で，アジアにおけるサプライチェーンマネジメントをみると，もうひとつの経営課題がみえてくる。それは，「深層の現地化」である。一般に，アジアでの現地生産を考えた場合，原材料・部品の現地調達率を高めることは，生産コストを下げる有力な手段となる(5)。もちろん現地から調達する原材料・部品は，一定の品質水準をクリアーしなければならない。そこで自動車メーカーとともに1次サプライヤーもアジアに進出して，現地生産を行い，部品をアジアの日系自動車メーカーに供給することで，品質と価格のバランスを保とうとしてきた。しかし問題は，アジアの日系1次サプライヤーが原材料・部品をどこから調達しているかである。新宅（2016）は，アジアの日系自動車（完成品）メーカーが現地に進出した日系1次サプライヤーから部品購買することを見かけの現地調達，日系1次サプライヤーが部品・素材を現地の2次サプライ

---

(4)　トヨタのIMV（Innovative International Multipurpose Vehicle）に代表されるように，商用車系のアジア向け車種では，日本メーカーは現地のニーズをとらえ販売台数を拡大しているが，乗用車系の低価格車種では苦戦している（野村，2015；赤羽，2014）。

(5)　ノックダウンのように，大半の部品を海外（多くの場合は本国である日本）からの輸入に頼っていては，輸送や関税の分だけコストが膨れ上がってしまう。

ヤーから購買することを真の現地調達とし，この真の現地調達を高めることを「深層の現地化」と呼んでいる。「深層の現地化」が進まないと，コストダウンの効果も限られるということである。新宅（2016）によれば，日系メーカーの「深層の現地化」は進みつつあるものの，日本に残る事業と海外に移転する事業との二極分化が進んでいるとのことである。

国ごとの相違もあろうが，自動車関連企業の場合，この「深層の現地化」を進めるのがとりわけ難しいと考えられているようである。その理由は，アジアのローカルサプライヤーのものづくり能力が概して低く，品質基準の厳しい自動車のような製品のサプライヤーに足りうるローカル企業は限られるとみられているからである。実際，日本と比べれば，アジアのローカルサプライヤーは単純な機械加工やプレス加工に従事する企業が多く，日本の中小企業のように高度な設備を駆使し，金型・治工具・検査機器を開発し，精密な加工を行う企業は相対的に少ない。また部品分野についても，走る・曲がる・止まるといった自動車の基本機能に直接かかわる部品（機能部品[(6)]）の生産，加工に携わる企業は少ないのが実情である。

しかし，だからといって彼らを十把一絡げに「能力不足」として切り捨ててしまっては，「深層の現地化」はとん挫し，価格競争力の強化もままならない。日本的な「ものづくり能力」の視点でみれば確かに「能力不足」なのかもしれないが，アジアローカルサプライヤー独自の能力構築はないのであろうか。あるいは，平均的にみれば日本より劣るのかもしれないが，個別にみれば高度な能力構築を果たしたエクセレントサプライヤーは存在しないのだろうか。また，そうしたエクセレントサプライヤーは，どのように能力構築を果たしているのだろうか。以上の点を解明することは，学術的のみならず実務的にも大きな意義をもたらすと考えられるのである。

---

(6)　機能部品以外の部品を本書では一般部品と称す。

(2) 本書の目的と特長

本書では，アジアのローカル2次サプライヤーを主な研究対象とする。ローカルとは，地場資本100%の企業を意味している。したがって，多少なりとも外資が入っている企業は，本書の研究対象外である。また2次サプライヤーとは，売上高の半分以上が2次以下のサプライヤーとしての取引となっている企業を指している。いいかえれば，自動車メーカー（完成品メーカー）との取引が売上高の半分未満となっている企業が2次サプライヤーである。

自動車産業にかかる学術研究において，ローカル2次サプライヤーはこれまであまり注目されてこなかったが，それにはいくつかの理由があると考えられる。まず，ローカル2次サプライヤーは，自動車メーカーや1次サプライヤーよりも個々の企業規模が小さく，自動車産業に与える影響力が小さいとみなされたことである。また，ローカル2次サプライヤーの事業領域は技術の専門性が高く，社会科学的な学術研究の対象とするには，当該分野に関する技術的な深い知識が必要となり，研究対象として扱いにくいことである。そしてさらに，とりわけ日本以外のアジアローカルサプライヤーに関しては，情報がきわめて少なく，あったとしても現地語（非日本語，非英語）の情報しかないという制約もあり，情報収集自体が非常に難しいことである。

ここに示した三つの理由のうち，一点目は研究者の認識の問題といえよう。この点に関しては，確かに個々の企業でみれば自動車産業に与えるインパクトは小さいかもしれないが，自動車産業のサプライチェーン全体を俯瞰すれば，2次以下のサプライヤーの数は圧倒的に多い。また2次以下のサプライヤーは，サプライチェーンの下層に存在するがゆえに，自動車産業の競争力を土台で支えているともいえる。したがってその実態を明らかにすることは，自動車メーカーや1次サプライヤーを対象とした研究と同等もしくはそれ以上の意義があると我々は考えている。

一方で，二点目と三点目は研究上のボトルネックの問題である。これらのボトルネックに対しては，二つのアプローチで克服していく。まず，長年自動車関連企業の経営戦略の研究に携わった3人の著者が連携し，共同研究のかたちをとることで技術的な知識を相互に補いながら，チームとして研究を進めていく。また，今回対象とした三カ国のうち，タイと中国に関しては現地の外部協力者と連携し，彼らのネットワークを大いに活用して日本の研究者ではアクセスできないようなローカルサプライヤーを訪問し，現地語による詳細な情報収集を行うことにした。

以上のような問題意識と研究方法でアジアローカル2次サプライヤーを研究対象とした本書は，次の三つの具体的な研究目的をもっている。第一に，1次サプライヤーに関する先行研究の蓄積をもとに，2次サプライヤーの能力構築に適する独自の評価枠組みを開発することである。第二に，自動車産業の発展段階，市場特性，サプライチェーンの構造が異なる日本，タイ，中国という三カ国のローカル2次サプライヤーをそれぞれ20社サンプル調査し，上記の評価枠組みによって彼らの能力構築を定量的，定性的に総合評価することである。第三に，サンプル調査の中から特に評価の高いサプライヤー（エクセレントサプライヤー）をとりあげて事例研究を行い，その能力構築や進化経路，更にはイノベーションの特性などを明らかにすることである。

このような特長をもつ本書の学術的な意義は，日本，タイ，中国のローカル2次サプライヤーの能力構築を比較分析することで，それぞれの特性を相対化できることにある。とりわけ日本との比較で，タイや中国のローカル2次サプライヤーを評価し，アジア独自の能力構築の水準や進化経路を浮き彫りにできるという点に価値があると考えている。また，評価の高いエクセレントサプライヤーの能力構築プロセスを事例研究で明らかにすることで，2次サプライヤー独自のイノベーションの特性が明らかにできることも本書の学術的意義といえるだろう。

一方で，本書は実務的な意義も十分に意識しながら論稿をとりまとめている。アジアローカル2次サプライヤーの特性が浮き彫りになれば，日本の自動車メーカー，1次サプライヤーのアジアにおける調達戦略にも示唆が引き出せると考えられる。とりわけタイや中国の自動車市場において，日系自動車メーカーや1次サプライヤーが「深層の現地化」をはかるためのヒントを提示することを本書では目指している。

(3) 本書の構成

本書は，七つの章から構成される。ここではあらかじめ各章の概要とポイントを示しておこう。

第1章「先行研究のサーベイと本書の研究方法」では，これまで自動車部品サプライヤーの評価の基盤的枠組みとなってきた浅沼萬里の理論を紹介し，その特徴をサーベイする。そして2次サプライヤーの能力構築を評価するためには，製品設計能力を中心とする浅沼の枠組みでは限界があることを示し，製品設計能力に加えて工程設計能力とドメイン設計能力という視点が重要であることを提示する。浅沼理論の最大の特徴は，貸与図/承認図という図面の種類にもとづいて，部品サプライヤーを分類したことである。それは，浅沼自身の関心が自動車（完成車）メーカーとサプライヤーの取引関係から派生した関係的技能を媒介としたもので，サプライヤーの能力構築の段階を表す概念としても援用できるものであった。しかし浅沼の枠組みは，自動車メーカーと直接取引をする1次サプライヤーを暗黙裡に前提としたため，2次サプライヤーの能力構築をとらえる枠組みとしては修正が必要である。我々は，改めて1次サプライヤーにインタビューを行い，彼らがどのような能力構築を2次サプライヤーに求めているかを探った。また2次サプライヤーの経営の視点にたって，どのような能力構築が持続的経営にとって必要なのかをきめ細かく検証した。その結果，工程設計能力，製品設計能力，ドメイン設計能力の3軸により，2次サプライヤーの能力構築の特性を踏まえた評価の枠組みが必要であることを第1章では提起している。

第2章「アジア三カ国のローカル2次サプライヤーの比較分析」では，第1章で提示した評価の枠組みにもとづいて，日本，タイ，中国のローカル2次サプライヤーの比較分析を行っている。各国20社ずつ，合計60社のローカル2

次サプライヤーに対する訪問調査にもとづいて，工程設計，製品設計，ドメイン設計の各能力を検証した。その結果，いずれの設計能力においても，日本が平均的に高い能力をもつことがわかった。またタイと中国を比較すると，工程設計能力と製品設計能力では中国がやや高いが，ドメイン設計能力ではタイが中国を明示的に上回った。そしてこのような分析結果の背景について，各国の自動車産業の発展段階と成長性，企業家精神，取引関係，部品特性などの観点から考察を行った。日本のローカル2次サプライヤーが高い評価を得たのは，自動車産業が成熟していて，これまでの競争の結果，優秀な企業しか残っていないことや国内市場がもはや伸びないので他分野への進出をはかっていることが示唆された。また，日本が機能部品の生産・加工に従事しているのに対し，タイや中国は一般部品を中心としていることも影響したと考えられる。加えて，タイのほうが中国よりもドメイン設計能力が上回ったのは，短期利益を追求する一方でものづくり能力の向上に関心をもたないタイ華僑経営者の企業家精神や2次サプライヤーレベルの競争環境がさほど熾烈ではないことが要因として考えられた次第である。そして第2章では，最後に国ごとに各設計能力の評点の高いエクセレントサプライヤーを3社ずつ抽出した。

つづく第3章から第5章までは，各国のローカル2次サプライヤーに焦点をあてている。いずれの章も，まずそれぞれの国の事業環境とサプライチェーンの概要を整理し，つづいて各国のローカル2次サプライヤーの取引関係やものづくり能力の特性を分析した。そして第2章の最後に抽出したエクセレントサプライヤーについて事例研究を行い，企業の能力構築と進化経路の特性の説明を試みている。

第3章「日本のローカル2次サプライヤー」では，日本のサプライチェーンの構造や20社のインタビューからえられたサプライヤーの特性を紹介している。また多賀製作所，山本製作所，豊島製作所という三つのエクセレントサプライヤーをとりあげ事例研究を行った。各企業が携わる部品・加工分野は異なるものの，能力構築の特性については共通点がみられた。具体的にいえば，いずれの企業もまず取引先が求める工程設計能力を徹底強化することに主眼を置いている。そして高度な工程設計能力をもとに，顧客から信頼を得ることで製品開発のチャンスを得て，製品設計能力の向上につとめてきた。これは，工程設計能力と製品設計能力の両者を相乗的に向上させていくやり方である。いわば「ものづくり指向型」の能力構築，進化経路である。また，中小企業である2次サプライヤーにとって海外進出のハードルは高いといわれるが，3社ともにドメイン設計能力の向上の手段は海外進出であった。ものづくり能力の向上が海外進出を可能にし，ドメイン設計能力の向上の道も開けている。まさに2次サプライヤーとしては典型的な成功例といえるのがこの3社なのである。

第4章の「タイのローカル2次サプライヤー」では，タイのサプライチェーンの特性を分析し，事例研究としてMahajak，Siam Senater，SP Metal Partという三つのエクセレントサプライヤーをとりあげた。タイのエクセレントサプライヤーの特徴は，積極的に日系自動車メーカーのサプライチェーンに参加し，日本のものづくり思想を導入していることであった。たとえばMahajakは日系1次サプライヤーとの長期取引を通じて製品設計能力を獲得しているし，Siam Senaterは日系1次サプライヤーとの取引から社内に改善専門のチームを立ち上げている。またSP Metalは日本人顧問の主導のもと，トヨタ生産方式（TPS：Toyota Production System）[(7)] を導入している。一方で，ドメイン設計に関しては工程設計，製品設計の能力水準が高いと言えない段階で積極的に他分野へ水平展開している。自動車市場の成長が踊り場にあること，家電製品などの市場が拡大していることが背景となっている。短期利益指向であり商人資本的性格の強いタイ華僑経営者の特性がうかがえた次第である。

第5章の「中国のローカル2次サプライヤー」では中国のサプライチェーンの分析に続き，事例研究としてC14社[(8)]，宏宇汽車零部件，巨発金属部件という三つの企業をとりあげた。国内市場の成長を背景に，いずれの企業も強い売

(7)　自働化とJIT（Just In Time）を基本思想とし，高い品質管理のもとで必要なものを必要なときに必要なだけつくる生産方式を指す。

(8)　当該企業からは，最終的に会社名の公開の許可が下りなかったために，本書では我々が付した企業ナンバーコードC14で当該企業を表す。

り上げ拡大指向をもっており，ドイツをはじめとする欧州製の最新設備を積極的に導入していた。また高い成長率が設備機械の追加投資やライン化・ロボット化を可能にし，工程設計能力の向上につながっているのが中国のエクセレントサプライヤーの特性である。製品設計能力は総じて弱いが，日系自動車メーカーのサプライチェーンに入り，工程設計のVA/VE提案から製品設計能力を学習しようとする巨発金属部件の例がある。一方で中国民族系自動車メーカーと取引しているローカルサプライヤーでは，自動車メーカーの製品設計能力の脆弱性を補い自らの製品設計能力を構築していく動きもある(9)。また中国のドメイン設計能力の開発方向は，地域の多様性を積極的に利用することであった。日本やタイと異なり，中国の国内市場は広大であり，あらゆる国籍の自動車メーカーが進出し，サプライチェーンも多様に構築することができる。したがって敢えて海外進出をしなくても，地域の多様性を意図的に利用しながらドメインを多角化し，強靭な経営構造を組み立てるというのがローカル2次サプライヤーのドメイン設計のパターンであった。

第6章「アジアローカル2次サプライヤーのイノベーション能力」では，3～5章の分析を踏まえて，日本・タイ・中国のものづくり能力の特性，能力構築の差異，各設計能力のイノベーションにかかる比較分析をまとめている。ものづくり能力は連続的に進化するだけでなく不連続な壁がある。日本の2次サプライヤーは専門指向が強く，工程設計能力を極めていく中でVA/VEを通じた提案を行い，並行して製品設計面の能力も獲得していく経路が一般的であった。また，現在日本で生き残っている2次サプライヤーは，機能部品の領域が多く，自動車メーカーとの直接取引（1次サプライヤーとしての取引）の機会もあり，そこで製品設計能力の「壁（承認図作成能力）」を克服する機会が生じることも明らかとなった。一方，タイのローカル2次サプライヤーは，能力構築面で未熟であってもドメインを広げ，製品多角化で成長する指向が強い。

---

(9)　5章では，中国完成車メーカーとの取引では日本の承認図方式とは異なり，概略の製品図を提供しサプライヤー側が共同開発，共同設計により図面を作る「承認図的」取引が行われている点を明らかにしている。

日系との取引を重視して日本的な「ものづくり指向」を目指すローカル2次サプライヤーとドメイン指向のローカル2次サプライヤーの間で二極分化する傾向があった。中国のローカル2次サプライヤーは，日系との取引において日本の2次サプライヤーと類似な能力構築の傾向が出ているが，それに加えて中国の民族系自動車メーカーによる「承認図的」な取引慣行が能力構築のもうひとつの側面を支えていた。現状，中国のローカル2次サプライヤーは，外資合弁系との取引で本格的に「承認図」方式へ移行するには及んでいないが，今後進展するEV化や中国オリジナルモデルの製品開発で，「承認図的」取引によって培った製品設計能力が本格的に活用される可能性はあると考えられた。

終章「総括」では，本書のファインディングをまとめるとともに，日系の自動車メーカー，1次サプライヤーに対してアジアで深層の現地化を進めるための調達戦略を提言している。具体的には，顧客を超えるコア技術を有すローカル2次サプライヤーを見極めることや日本標準でタイや中国を評価しないことの大切さを説くとともに，日本，タイ，中国のローカル2次サプライヤーの活用方法や育成方法を提言して，本書を締めくくっている。

なお，本書の執筆分担は以下のとおりである。

序　章　　赤羽　淳
第1章　　赤羽　淳
第2章　　赤羽　淳
第3章　　土屋勉男
第4章　　井上隆一郎
第5章　　土屋勉男
第6章　　赤羽　淳・土屋勉男・井上隆一郎
終　章　　赤羽　淳

【参考文献】

赤羽淳（2014）「日系3大自動車メーカーの低価格車戦略の検証」『産業学会研究年報』(29)，pp.153-168.
野村俊郎（2015）『トヨタの新興国車IMV―そのイノベーション戦略と組織』文眞堂.
新宅純二郎（2016）「日本企業の海外生産における深層の現地化」『赤門マネジメント・レビュー』15(11)，pp.523-538.

（赤羽　淳）

第1章
先行研究のサーベイと本書の研究方法

(1) 先行研究のサーベイと限界

① 自動車部品サプライヤーの能力構築：浅沼理論の概要

自動車部品を生産するサプライヤーの評価について，これまで基盤的枠組みとなってきたのが，浅沼萬里が着目した貸与図/承認図という図面にもとづく分類である（Asanuma，1989；浅沼，1990；浅沼，1993；浅沼，1994；浅沼，1997）。しかし，浅沼自身のもともとの関心は，自動車メーカーとサプライヤーの取引関係にあり，サプライヤーの能力構築や進化経路といった観点は，副次的な位置づけに過ぎなかったように思われる。そこでまずは，取引関係という問題関心から，貸与図/承認図という図面分類の重要性が強調された経緯を振り返り，それがサプライヤーの能力構築や進化経路を測る視点としていかなる説得力をもつのか，浅沼の議論を以下にサーベイしていこう。

浅沼の問題関心は，日本の自動車メーカーとサプライヤーの取引関係が，欧米に比べて長期継続的なことに対する理論的解釈から始まったと考えられる。従来，日本企業の長期継続的な取引は，「系列[(1)]」といった概念で象徴されたが，それは経済学的に解釈しづらく，排他的で閉鎖的な日本独特の文化的慣行として，欧米企業からしばしば批判の的となった（Asanuma，1989；浅沼，1990；浅沼，1994）。しかし浅沼は，Doeringer & Diore（1971）の内部労働市場論やWilliamson（1981；1989）の取引コスト理論を援用して，そうした長期継続的取引も，経済的合理性をもつことを証明しようとした。

具体的に浅沼は，自動車メーカーとサプライヤーで取引されているカスタム部品の性格に注目した。一般的に部品は，市販品とカスタム部品に分類されるが[(2)]，カスタム部品の場合，サプライヤーは自動車メーカーのために，特殊な加工や組み付けを施すことになる。そしてそのために，サプライヤーは特別な

---

(1)　自動車メーカーを頂点とするサプライチェーンが，特定の企業（例：グループ企業）だけで構成されていることを指す。系列企業間には，資本関係がある場合も多い。

(2)　市販品は不特定多数のメーカーに販売される汎用的なもので，たとえば規格化されたネジなどがあげられる。一方，カスタム品とは，特定メーカーのために特別な加工や組み付けをしたものであり，特注品ともいう。

投資も行わなければならない。つまり，その特殊な加工や組み付けをした部品がないと，自動車メーカーは自社製品の機能を実現することができず，またサプライヤーは投資を回収するために，当該自動車メーカーに継続的に部品を納入し続けなければならない。カスタム部品のこうした特性が，必然的に長期継続的な取引を生じさせるというわけである。とりわけ自動車産業では，電気・電子産業などと比べて，このカスタム部品の割合がきわめて大きく，市販品はほとんど存在しないこともわかっている（浅沼，1997）。

そして浅沼は，カスタム部品がさらに貸与図部品と承認図部品に分類できることを強調する。前者は，自動車メーカーが製品図面を作成し，それをサプライヤーへ貸与する。そして，サプライヤーがそれにもとづいて加工，組み付けを行うタイプの部品である。一方，後者は，自動車メーカーが製品に関する仕様をサプライヤーへ提示し，サプライヤーはその仕様にもとづいて製品図面を自ら作成し，自動車メーカーへ提示する。そして自動車メーカーから承認を取り付けたのち，図面にもとづいた加工，組み付けを行うタイプの部品である。すなわち貸与図のサプライヤーは，基本的に取引される部品に関する製造能力だけを提供するのに対し，承認図のサプライヤーは製品設計能力をも提供することになる（浅沼，1997）。

この貸与図/承認図という二分法を軸に，部品やサプライヤーの分類をスペクトラムで表現したのが図表1-1である。この図表1-1は，浅沼の論稿で繰り返し提示されているように，自動車メーカーとサプライヤーの取引関係をみる基本的な視点となっている（Asanuma，1989；浅沼，1990；浅沼，1997）。ここでは，全部で七つの分類があるが，その基準は自動車メーカーに対するサプライヤーの技術的主導性の程度とされている。図表の右にいくほどサプライヤーの技術的主導性が高くなり，自動車メーカーにとって，部品の開発，製造過程がブラックボックス化することになる。

図表1-1は，ⅠからⅦの番号で分類がされていること，および右にいくほどサプライヤーの技術的主導性が高くなるという説明から，サプライヤーの分類であると同時に，発展段階も表すと捉えられやすい。ただし浅沼は，図表1-1

図表1-1：部品およびサプライヤーの分類

カテゴリー	買手の提示する仕様に応じ作られる部品（カスタム部品）						市販品タイプの部品
	貸与図の部品			承認図の部品			
	Ⅰ	Ⅱ	Ⅲ	Ⅳ	Ⅴ	Ⅵ	Ⅶ
分類基準	買手企業が工程についても詳細に指示する	供給側が貸与図を基礎に工程を決める	買手企業は概略図面を渡し，その完成を供給側に委託する	買手企業は工程について相当な知識を持つ	ⅣとⅥとの中間領域	買手企業は工程について限られた知識しか持たない	買手企業は売手の提供するカタログの中から選んで購入する
例	サブアセンブリー	小物プレス部品	内装用プラスチック部品	座席	ブレーキ，ベアリング，タイヤ	ラジオ，燃料噴射制御装置，バッテリー	

出所：浅沼（1997）より転載。

をあくまでも部品およびサプライヤーの分類としており，「発展段階表」とは明示的にいっていない。そのことは，ⅠからⅥまでの各カテゴリーに，浅沼が具体的な部品や加工の事例をあてはめていることからも想像することができよう。ただ一方で浅沼は，図表1-1があるサプライヤーの一定期間における変化を捕捉できる点にも言及している(3)。したがって，図表1-1がサプライヤーの能力構築や進化経路を表す側面は，浅沼自身も意識していたと考えられる。

ただし，図表1-1をサプライヤーの発展段階や進化経路と考えるにあたっては，次の点に注意しなければならない。つまり，サプライヤーの獲得する付加価値でみると，ⅠからⅦという数字の順番通りには必ずしもならないことである。具体的にいえば，承認図の部品の付加価値は，貸与図の部品のみならず，市販品タイプの部品よりも大きくなる可能性がある。そのことは，承認図を担うサプライヤーの生成経路には，二つのパターンがあるという浅沼の説明からもうかがえる。二つのパターンの一つは，貸与図で生産をしていたサプライヤーのなかで，相対的に有能なサプライヤーに自動車メーカーが製品開発機能

(3) 浅沼は，この表について，所与の時点でのクロスセクション（横断面）を示すだけでなく，発注者とサプライヤーがそれぞれ行った動きのネットの結果として，ある時間が経つ間に起こる変化を表現するのにも有用と指摘している（浅沼，1997）。

の一部を任せるパターンである。もう一つは，市販品タイプの部品を購入していたサプライヤーに対して，自動車メーカーが当該部品のカスタマイズを発注するパターンである。この場合，発注量が十分に大きければ，当該サプライヤーはカスタマイズのための投資に踏み切り，より付加価値の大きいカスタマイズ部品の生産を始めることになる（浅沼，1997）。

このように，図表1-1をサプライヤーの発展段階表と読み替えるには，Ⅶ（市販品タイプの部品）の位置づけに注意が必要となる。しかし実際のところ，自動車産業では市販品タイプの部品は少ない。したがって，貸与図と承認図の分類に絞ってみれば，ⅠからⅥに向かうプロセスをサプライヤーの発展段階もしくは進化経路とみることに大きな問題はないと考えられる。

ところで，サプライヤーがⅠからⅥへ進化する原動力は，自動車メーカーに対する技術的主導性であったが，それを獲得するための能力として，浅沼はWilliamson（1979）の「関係的契約」を援用した「関係的技能」という概念を提示している。それは，自動車メーカーの要請に効率的に対応して供給を行うために，サプライヤー側に要求される技能のことである（Asanuma, 1989；浅沼，1997）。いわば自動車メーカーとの取引を通じてサプライヤー側に蓄積されていく能力だが，なかでも核となるのが製品設計能力と考えられる。なぜなら，製品設計能力を獲得したサプライヤーが，はじめて承認図対応サプライヤーとして，自動車メーカーからより付加価値の大きい仕事を依頼されるからである。その意味では，特にⅢからⅣに向かう段階で，サプライヤーにとっては，大きな技術的な「壁」が存在しているといえる。また，承認図サプライヤーになれば，製品の開発段階の初期から自動車メーカーとのインタラクションが始まる。したがって，自動車メーカーとサプライヤーとの取引は，Ⅵに向かうほど長期継続的になると考えられる（浅沼，1997）。

② 浅沼理論の援用と限界

以上，ここまで浅沼萬里の議論を整理してきたが，図表1-1で表されるサプライヤーの分類法は，その後，多くの研究で援用されてきた。たとえばClark and Fujimoto（1991）は，日米欧の自動車メーカー20社を取り上げて，日本メーカーでは承認図が多い一方，欧米メーカーでは貸与図が多いことを示した。またDyer（1996a；1996b）は，企業国籍と図面形態の関係に着目し，承認図の多い日本メーカーは，貸与図中心の米国メーカーよりもサプライヤーとのコミュニケーションを密にしていることを実証した。さらに藤本（1997）は，承認図でも図面の知的財産権が自動車メーカー側に存在する委託図が実態として存在することを示した。

また，図表1-1をサプライヤーの発展段階としてみる視点は，特に新興国の自動車部品サプライヤーの評価に援用されてきた。たとえば，黒川・高橋（2005）や高橋・黒川（2006；2007）は，タイのローカルサプライヤーの能力構築にとって，特に製品設計能力の向上が喫緊の課題であると指摘し，そのためにはエンジニアリング能力やQCD(4) 管理能力の向上が大切と主張した。また黒川（2008）は，タイのローカルサプライヤーが承認図部品サプライヤーに進化するためには，マネジメント能力が重要であると指摘している。これらの研究はいずれも，タイのローカルサプライヤーの課題として，製品設計能力の欠如を指摘し，課題克服のための方策を論じている。いわば，図表1-1をテンプレートとして，アジアローカルサプライヤーの現状評価を行った研究である。

このように，製品設計能力を基軸にサプライヤーを評価する図表1-1の枠組みが随所に援用される背景には，近年の自動車産業の実情があると考えられる。自動車の生産では，部品のモジュール化が進展し，自動車に対する環境・安全面の要求水準が厳しくなるなか，自動車メーカーの研究開発負担は増大している。そして，こうした事情を反映して，自動車メーカーでは，製品開発をサプライヤーと分担する動機が高まっているからである。しかしアジアのローカル2次サプライヤーを評価するという本書の目的と照らし合わせた場合，浅沼の枠組みは次の二点において留意すべき点が存在している。

---

(4) Q：Quality（品質），C：Cost（費用），D：Deliverly（納期）。

第一に，それは自動車メーカーと1次サプライヤーとの取引関係から導き出されたという点である。本書が関心をおくのは，アジアのローカル2次サプライヤーである。そこでも同様の見方は応用できるのか，あるいはどのような修正が必要かという点は検討しなければならない。つまり，2次サプライヤーに求められる関係的技能を改めて考えることが必要である。

第二に，浅沼の枠組み，とりわけ関係的技能の概念は，発注側の視点が強いという点である。確かに，受注側のサプライヤーが発注側のメーカーとの取引を通じて「関係的技能」を蓄積すれば，当該メーカーから評価され，より付加価値の大きい承認図部品の仕事を任されることになる。あるいは，その「関係的技能」を梃に，他のメーカーからの受注につなげることもできるだろう[(5)]。しかし「関係的技能」を深化させるためには，特定顧客のためだけに投資（=関係特殊的資産への投資）を行う必要が生じる（浅沼，1994）。そしてそうした投資は，当該顧客との継続的取引のなかで回収せざるをえない。しかし現実的には，サプライヤーが特定顧客との関係の過度な深まりを回避したいと考える可能性もあるだろう。サプライヤーの進化経路を議論するためには，こうした受注側（サプライヤー）の経営の観点から，「関係的技能」の蓄積以外の要素にも目を向けなければならない。

（2）本書の分析視角

① 2次サプライヤーに求められる関係的技能

本節では，本書の対象である2次サプライヤーに求められる「関係的技能」とは何かを考えていく。2次サプライヤーの顧客は1次サプライヤーである。1次サプライヤーは2次サプライヤーにどのような能力の向上を期待しているのだろうか。この観点を探るために，日本の代表的な1次サプライヤーである

---

(5) 「関係的技能」は，特定顧客の要望に柔軟に応えられる能力といった表層の部分と一般的な技術力である基層の部分からなり，ある会社との取引を通じて蓄積した「関係的技能」は他社との取引に援用することができる。

A社とB社に対して，調達政策に関する詳細なインタビュー調査を行った[6]。インタビューでは調達の全体方針とともに，現場での実態も把握するために，日本本社のみならず，アジアの統括会社や生産会社に対してもインタビューを行った[7]。以下では，A社，B社の発注先の選定方針について，インタビュー結果を整理していく。

はじめにA社は，発注先候補を三段階で評価していた。第一段階がA社の指定した品質管理の仕組みを導入できるか，第二段階が生産現場で不良品の流出防止策があるか，そして第三段階が自律的に工程改善を実施できるかである。

第一段階は，要するにA社が要求する基本的な品質管理の仕組みを整えることができるかである。具体的には，標準作業手順表があるか，5S[8]が遂行されているか，受入れ・工程内・出荷前の各検査が実施されているか，先入れ先出しの物流の流れができているかなどがチェックされる。

次に，第二段階の不良品流出防止策は，工程，生産ライン，生産工場の三つのレベルで細かくチェックされる。具体的に言えば，不良品発生の原因究明を徹底し，不良品が発生しない仕組みを工程内につくりこむ能力（自工程完結）を2次サプライヤーが有しているかがチェックされる[9]。

第三段階は，第一段階や第二段階をクリアーし，さらなる品質と生産性の向上策を2次サプライヤー自身が行えるか，という視点である。具体的には，生産現場で使用する設備，治工具，型を2次サプライヤー自身が設計し生産でき

---

(6)　A社，B社ともに日本の自動車メーカーの系列といわれる1次サプライヤーである。

(7)　ヒアリングの実施日時は，A社本社（2013年8月8日），A社中国技術センター（2013年8月22日），A社中国生産会社（2013年8月22日），A社タイ統括会社（2014年3月10日），B社本社（2013年10月18日），B社タイ生産会社（2014年3月10日）。

(8)　整理（Seiri）・整頓（Seiton）・清掃（Seisou）・清潔（Seiketsu）・躾（Shitsuke）。

(9)　この点については，とりわけアジアのローカルサプライヤーの管理に苦労しているという。実際，日本のものづくりは，品質を工程内でつくりこむという思想が貫かれるのに対し，アジアのローカルサプライヤーは最終出荷前検査で不良品をはじくというプロセスをとり，量産段階での品質が安定しない。しかもそこでは，不良品がなぜ出たのかという原因究明はあまり行われないという。

るか，また複数の工程間を効率的につなげるシステム設計能力があるか，という観点が重視される。設備，治工具，型は，所与の汎用的なものを組み合わせるより，自社の設備の特性や生産ラインの実情に応じてカスタマイズしたほうが，作業もやりやすく，不良率も下がる。また，プレスと溶接といった異なる工程を効率よくつなげて生産の同期化を図ることは，在庫の削減と生産性の向上につながる。いわば，これら工機の自社設計，内製化能力やシステム設計能力は，2次サプライヤーの工程改善能力に直結する。A社では，こうした能力を有する2次サプライヤーを高く評価していた。

つづいて，B社の発注先選定方針をみていこう。B社でも，第一段階として品質管理システムのチェックを行っている。この品質管理システムのチェックは，ISO9001(10)，ISO/TS16949(11)の取得状況や5Sの実施状況が確認されるとともに，生産物のロット管理が先入れ先出しでなされているかもチェックされる。またB社は，品質管理のための標準作業の確立がきちんとできているかもみている(12)。

第二段階は，実質的に工程内で品質がつくりこまれているか，不良品が次工程に流出しないかを確認する観点であり，A社の不良品流出防止策とほぼ同様である。

第三段階の評価の観点もA社と同じである。ただ，B社の場合，製造装置，治工具，型の自社設計や自社生産が，2次サプライヤーの工場内の物流面での改善を引き起こす効果にも注目していた。つまり2次サプライヤーが，専用の設備や治工具を導入できれば，生産ラインのリードタイムが短くなるとともに，工程の途中で傷などのダメージも防げる効果を重視していた。こうした効

---

(10)　製品やサービスの品質保証を通じて，顧客満足向上と品質マネジメントシステムの継続的な改善を実現する国際規格を指す（日本品質保証機構ホームページhttps://www.jqa.jp/service_list/management/service/iso9001/　2016年8月22日アクセス）。

(11)　顧客から高度な品質管理体制が求められる自動車業界向けの品質マネジメントシステム規格を指す。（日本品質保証機構ホームページhttps://www.jqa.jp/service_list/management/service/ts16949/　2016年8月22日アクセス）。

(12)　B社によると，とくにアジアのローカルサプライヤーの場合，最初の5Sでひっかかるところが多いという。

果は，第二段階の選定基準であった不良品の流出防止や量産段階の再現性とも，密接にかかわってくる要素である。

以上，ここまでA社とB社の発注先の選定方針を簡単に紹介した。細かい相違はあるものの，両社はともに，品質管理システムの確立や不良品の流出防止，あるいは製造装置，治工具，型の自社設計・自社生産，複数工程間のシステム化を通じた工程改善を2次サプライヤーに期待していることがくみ取れた(13)。すなわち，1次サプライヤーの2次サプライヤーに対する評価基準は，工程設計能力の巧拙に集中していることがわかる。

では1次サプライヤーは，2次サプライヤーの製品設計能力については，どの程度重視しているのだろうか。結論からいえば，A社もB社も2次サプライヤーの製品設計能力はあまり重視していない。A社が2次サプライヤーに求めるのは，あくまでも貸与図での品質のつくりこみ能力であり，とにかく貸与図のとおりに正確に生産することが重要だという(14)。またB社でも，2次サプライヤーレベルでは品質管理システムの体系化や量産段階の品質の再現性が最重要であり，製品設計能力は二の次という認識にある(15)。

こうした事情には，主に二つの背景が考えられよう。一つには，1次サプライヤーの事業ドメインが自動車メーカーよりは限定され，製品開発を2次サプライヤーと分担する必要性がさほど大きくない点である。自動車産業のサプライチェーンは，自動車メーカーを頂点とするピラミッド構造になっており，自動車メーカーは自動車に関わるすべての事柄に対処しなければならない。したがって，あらゆるドメインでの開発負担が生じ，それを1次サプライヤーと分担し，負担やリスクを軽減したいという動機が大きく働いてくる。一方，1次サプライヤーのドメインは，自動車メーカーよりは限定され，開発負担も限られてくる。さらに，自動車メーカーが1次サプライヤーに納品させるのは，か

(13) なお，A社，B社ともに日本本社で設定した調達先選定方針がグローバルで活用されており，日本とアジアで選定方針が異なるといったことはない。
(14) A社本社インタビュー（2013年8月8日）およびA社中国生産会社インタビュー（2014年8月22日）。
(15) B社タイ生産会社インタビュー（2014年3月10日）。

たまりとなったユニット部品が主となるが，1次サプライヤーが2次サプライヤーに納品させるのは，部品もしくは部分品が多く，その開発過程はさほど複雑ではない可能性も見込まれる。

二つ目の背景は，2次サプライヤーの成長可能性である。2次サプライヤーが製品設計能力をもつと，将来，承認図サプライヤーとして自動車メーカーと直接取引する可能性も出てくる。そうすると1次サプライヤーにとって，今度は彼らが自分の競合相手にもなりかねない。こうした事情も，1次サプライヤーが2次サプライヤーの製品設計能力を重視しない理由と考えられる。

もっともA社，B社ともに，2次サプライヤーに対して製品設計能力（承認図の作成能力）は求めないが，彼らが貸与した図面に対する設計改善提案（いわゆるVA/VE活動）(16) は，積極的に求めている。たとえば，A社はVE活動の一環として，新製品が出たときには2次サプライヤーを一堂に集めて勉強会を開き，その結果を本社の製品設計部門にフィードバックしているという(17)。またB社は，年に一度，取引先に数パーセントのコストダウンを実現する設計改善を明示的に要求しているという(18)。このように2次サプライヤーのVA/VE能力は，1次サプライヤーにとって発注先選定の重要な評価指標となっている。

VA/VE能力が重視される背景には，2次サプライヤーのもつ専門的技術能力に1次サプライヤーが依存している側面がある。ピラミッド型のサプライチェーン構造では，2次サプライヤーは1次サプライヤーよりも，あるドメインにより専門化している。したがって，そのドメインに関する製造技術，生産技術(19) については，1次サプライヤーよりも2次サプライヤーのほうが豊富な技術力と経験値をもっていることが多い。そしてそれゆえに，1次サプライ

(16)　VAはValue Analysis，VEはValue Engineering。いずれも製品図面に対する設計改善提案活動だが，前者は製品の量産段階で行われる設計改善提案を指すのに対し，後者は開発段階で行われる設計改善提案を指す。
(17)　A社タイ生産会社インタビュー（2014年3月10日）。
(18)　B社タイ生産会社インタビュー（2014年3月10日）。
(19)　製造技術とは，ある物をつくるためにどのような部材を使い，どのような工法でつくるかということを指すのに対し，生産技術は製造技術を前提にいかに迅速に，多く，安くつくるか，つまり生産性を高める技術を指している。

ヤーが貸与する図面は，往々にして現場の製造方法の実情を反映しきれておらず，1次サプライヤーは多くの改善措置を2次サプライヤーに依存することになる。1次サプライヤーにとって，自分たちの経験値が及ばない領域での2次サプライヤーからのVA/VE提案は，品質と生産性向上の拠り所となっているのが実情なのである。

最後に，本節の締めくくりとして，2次サプライヤーに求められる関係的技能をまとめておこう。それは，具体的には以下の四点になる。1）基礎的な工程管理システムが構築されていること，2）不良品流出防止策がとられていること，3）製造装置，治工具，型の自社設計・自社生産や複数工程間を効率的につなぐシステム設計を通じて工程改善が追求できること，4）VA/VE 活動を通じて，製品設計改善が提案できること，である。1）から3）は，主として工程設計にかかわる内容であるのに対し，4）は製品設計よりの内容である点は，すでに説明したとおりである。また，これらの内容は，1次サプライヤーに求められる関係的技能（承認図の作成を軸とする製品設計能力）とは異なることも明らかである。

② 1次サプライヤーに対する独立性の確保

この小節では，関係的技能の蓄積以外の要素について考えていきたい。(1)の最後にも触れたが，サプライヤーは，特定顧客との関係的技能の蓄積をはかる一方で，多くの顧客と適度な距離感を保ち，特定顧客との過度な関係の深まりは回避したいと考える状況もありうる。なぜなら，特定顧客からの受注に過度に依存すると，その顧客の業績に自社の業績も左右されてしまうからである。このことは，顧客に対するある程度の独立性の確保という要素が，サプライヤーの目指す方向性として重要ということである。この独立性の確保とは，個々の顧客との間に生じやすい主従関係に対する一種のリスクヘッジでもある。それはとりわけ規模が小さく，事業構造が脆弱な2次サプライヤーにとって，経営上の重要な課題となるだろう。2次サプライヤーが，独立性を追求する手立ては具体的に以下の二つが考えられる。

一つ目の手立ては，自身が製品設計能力を鍛えて，承認図の作成能力を獲得することである。先ほどみたように，承認図を作成する能力は，2次サプライヤーに要求される関係的技能として必ずしも重要ではなかった。もっといえば，それは1次サプライヤーの利害に反する要素も伴っていた。しかし2次サプライヤーの経営の視点からみると，それは1次サプライヤーへの過度な依存を防ぐ方策になりうるし，一般に承認図の部品の付加価値は貸与図の部品より大きいことから，売り上げの拡大につながる可能性も大きい。またさらには，1次サプライヤーへの昇格の可能性も開けてくる。このように，承認図の作成能力を獲得することは，2次サプライヤーの能力構築と進化経路にとって重要な要素である。

また，この点を応用すると，承認図の部品と市販品タイプの部品の関係も，2次サプライヤーの進化経路上では，今一度見直さなければならないことがわかる。浅沼は，承認図部品のサプライヤーの生成経路として，市販品タイプの部品サプライヤーが，顧客からカスタマイズの注文を受けて，承認図部品のサプライヤーになるパターンを指摘していた。つまり，市販品タイプの部品の次の段階として，承認図部品が位置づけられていた[20]。しかし現状，貸与図の段階にあり，これから製品設計能力の獲得を目指す2次サプライヤーのたどる経路は，貸与図の部品→承認図の部品→市販品タイプの部品になる可能性が大きい。なぜなら，顧客に対する独立性は，貸与図の部品<承認図の部品<市販品タイプの部品，の順番で高まっていくからである。ただし，市販品タイプの部品を生産するためには，製品設計能力に加えて，自主ブランドを構築するとともに，不特定多数の顧客に販売するノウハウや販路をサプライヤー自身が開拓しなければならない。それは，貸与図の段階にある2次サプライヤーにとって，かなり高いハードルと考えられる。

---

(20)　浅沼は，主な関心を中核企業（発注者）とサプライヤー（受注者）の取引関係においたために，承認図の部品を貸与図や市販品タイプの部品よりも，後の段階として位置づける傾向が強かった。長期的取引や関係的技能の広さ・深さでみれば，市販品タイプの部品<貸与図の部品<承認図の部品，の順番になるからである（浅沼，1997）。

顧客に対する独立性を確保する二つ目の手立ては，直接的に事業ドメインや顧客の多角化をはかり，個々のドメインや顧客への依存度を低下させるやり方である。たとえば，既存事業とは異なる事業会社を買収したり，自社事業の周辺の成長ドメインに，積極的に水平展開したりしていくような戦略である。実際，周辺に成長ドメインが存在している環境であれば，水平展開をはかってドメインの多角化を追求していくサプライヤーは多いと考えられる。というのは，貸与図から承認図へ向かうプロセスは，付加価値の大きい受注にはつながるものの，製品設計能力の獲得という技術的に大きな壁を乗り越えなければならず，他に成長機会があるとすれば，敢えてその苦しい経路をたどる必要性はないからである。特に，汎用性の高い加工を行う2次サプライヤーにとって，ドメインの多角化は事業基盤の安定性に関係するので，周辺の成長ドメインへ水平展開するケースは多いと想像される。このように，2次サプライヤーの経営を考えると，ドメインの設計能力も，能力構築と進化経路の議論では欠かせない観点と考えられる。

③ 2次サプライヤーの能力構築と進化経路（評価の枠組み）

以上の議論を踏まえると，アジアのローカル2次サプライヤーの能力構築や進化経路を捕捉するためには，浅沼が重視した製品設計能力（承認図の作成能力）に加えて，工程設計能力とドメイン設計能力も取り入れなければならないことがわかる。本書では，貸与図を基本に能力構築を求められる2次サプライヤーの視点に立ち，発注側から求められる工程設計能力を重視し，詳細に分類する。また発注側を圧倒する工程設計能力を獲得できれば，製品設計能力の面でも段階的に役割分担や提案が求められる。それらの点を考慮して，工程設計能力，製品設計能力の2次元の評価軸でサプライヤーの「ものづくり能力」をはかることにしたい。さらに「ものづくり能力」の構築とは別に，2次サプライヤーの成長戦略としてドメインの多角化，顧客の多角化は重要な要素となることから，ドメイン設計能力を取り入れ，総合的にアジアのローカル2次サプライヤーの能力構築や進化経路を分析する。

つまりまとめると，工程設計能力は顧客の1次サプライヤーに対して，2次サプライヤーが関係的技能を提供するという点で重要な評価軸である。一方，ドメイン設計能力は，1次サプライヤーに対して2次サプライヤーが独立性を確保していくという文脈で重要な評価軸となってくる。そして製品設計能力に関しては，VA/VE提案能力までは1次サプライヤーに対する2次サプライヤーの関係的技能という点で重要なのに対し，承認図の作成能力になると，今度は1次サプライヤーに対する独立性の確保という点で重要な評価軸となる。この小節では，三つの能力構築を測る具体的な指標を検討していく。

1) 工程設計能力

工程設計能力は2次サプライヤーに求められるものづくり能力の基本軸である。工程設計については，全体で6段階に分けて捕捉する（図表1-2参照）。最初の段階である（1）では，発注者である1次サプライヤーが，2次サプライヤーの工程設計に関しても，基本的な指示を行う。指示どおりの工程が設計できない2次サプライヤーは，そもそも仕事を受注することができないだろう。（2）以降は，2次サプライヤーが顧客に依存せず，自立的に工程設計を行う。まず（2）では，5S，標準作業表の導入，受入・工程・出荷前検査など，基礎的な工程管理システムが導入された段階である。つづく（3）は，基礎的な工程管理システムの中に，不良品の流出防止策が体系的に組み込まれた段階である。いわば工程で品質を作りこみ，最終検査段階で不良品は極力出さないという考えが2次サプライヤーに根付いた段階である。（4）および（5）は，さらなる生産性の向上のために，2次サプライヤーが製造装置，治工具，型のカスタマイズを施していく段階である。（4）は自社設計を実現した段階，（5）は自社生産まで達成した段階である。（5）の自社生産へ移行する契機は，カスタマイズの対象となる製造装置，治工具，型の数の増加やカスタマイズの程度の深まりである。特に，そうしたカスタマイズは企業のノウハウであり，それが深化すればするほど，社外への流出を防止するために，外注を避けて自社生産する動機が高まると考えられる。そして（6）は，各工程間のつながりがシステム化された段階である。(5) までが，ある特定の生産工程に限った最適化であったのに対し，(6) は複数の生産工程間の相互調整を通じて，全工程が最適化された段階である。たとえばプレスと溶接を行っているサプライヤーが，プレス機と溶接ロボットの作業量を巧みに相互調節し，両工程の一貫生産を実現しているような状態である。

図表1-2：工程設計の能力構築と進化経路

工程設計の性格	工程設計が顧客依存	工程設計が自立化				
		工程設計の部分最適化				工程設計の全体最適化
	生産性の安定化			生産性の向上		生産性の飛躍的向上
分類基準	(1) 顧客の指示・指導にもとづく工程設計	(2) 基本的な工程管理システムの構築	(3) 不良品流出防止策の構築	(4) 製造装置・治工具・型の自社設計	(5) 製造装置・治工具・型の自社生産	(6) 複数工程間のシステム設計

出所：筆者作成。

2) 製品設計能力

製品設計能力については，図表1-1で示される浅沼の枠組みを援用するが，いくつかの修正を施したい。まず分類基準について，浅沼は自動車メーカーに対するサプライヤーの技術的主導性を主張していたが，これは概念として広く，その内容には工程設計能力の要素も含まれていた（図表1-1のⅠ，Ⅱを参照）。しかしすでに議論したように，2次サプライヤーを念頭においた場合，工程設計能力と製品設計能力とは区別して議論しなければならない。したがって，製品設計能力の分類基準は，純粋にサプライヤーの図面に対する関与の程度に絞って設定する。また，段階の分け方も修正する。図表1-1では，貸与図，承認図ともに3段階に分けていたが，2次サプライヤーは主に貸与図にもとづく場合が多い。そこで，貸与図の段階分けをより詳細に行うことにした。

図表1-3は，以上のような修正を反映した製品設計能力の進化経路である。最初の①は，2次サプライヤーが顧客から提示された図面を正確に理解して，

図表1-3：製品設計の能力構築と進化経路

部品種類	貸与図の部品のみ			貸与図の部品が主で承認図の部品が従		
分類基準	①貸与図の正確な理解	②貸与図への変更要求	③貸与図への改善提案（VA/VE提案）	④萌芽的承認図一部あり	⑤承認図一部あり	⑥承認図あり
図面種類	貸与図100%	貸与図100%	貸与図100%	貸与図90%以上（承認図10%未満）	承認図10%以上，20%未満	承認図20%以上

出所：筆者作成。

そのとおりの加工や生産を行う段階である。これが満足にできない2次サプライヤーは，そもそも貸与図の仕事さえ受注できないだろう。②は，提示された図面に対して，自身の作業をやりやすくするために，基本スペックに影響しない範囲で図面の変更を求める段階である。自社の生産設備の特徴や現場作業者の特性を理解している2次サプライヤーが，このような変更要求を行い，より生産性を高めることができる。次の③は，提示された図面に対して，2次サプライヤーが改善提案を行う段階である。たとえば，金属の曲げ加工に関してR（Radius：半径）を小さくすると強度が向上し，後工程の熱処理が省けるとか，前工程の素材を変更することで品質を維持したままコストが削減されるなど，前後工程の状況も考慮して，品質や生産性の向上につながる提案をすることである。②と③の本質的な違いは，前者が「自社の作業のやりやすさ」からくる要求であるのに対し，後者はサプライチェーン全体の利益を見据えた提案という点である。つまり③は，いわゆるVA/VE提案能力である。発注者である1次サプライヤーを上回る製造技術，生産技術をもつ2次サプライヤーが有する能力といってよいだろう。つづく④は，サプライヤーが自社設計能力を獲得して，承認図にもとづく仕事を開始した段階である。そして自社設計能力の高まりとともに，④から⑤，⑥へと進化していく。承認図の割合が高まれば高まるほど，自動車メーカーとの直接取引（1次サプライヤーへの昇格）も視野に入ってくる(21)。

なお図表1-3には，市販品タイプの部品を置いていない。前節で述べたように，顧客に対する独立性という点でみれば，それは⑥の右側に⑦として位置づけるのが適当なのかもしれない。しかし，そのために必要な能力構築は自主ブランドの構築や広範な販路の開拓であり，それらは製品設計能力とは別の能力である。加えて本書が対象とする自動車産業では，市販品は極めて限られているので，図表1-3に市販品タイプの部品は反映していない。

3) ドメイン設計能力

ドメイン設計能力の進化経路については，Ansoffの成長マトリックスを応用する。Ansoff（1965）は，企業の成長を製品と市場の二要素で捉え，それぞれを既存と新規にわけるマトリックスを作成することによって，企業の成長戦略を議論できるようにした。具体的にいえば，既存製品を既存市場で提供する「市場浸透」，既存製品を新規市場で提供する「市場開拓」，既存市場で新規製品を提供する「製品開発」，そして新規製品を新規市場で提供する「多角化」の四つの成長戦略を提示した。

このAnsoffの成長マトリックスを発展段階として捉えると，「市場浸透」が最初の段階となり，「多角化」が最終の段階となる。一方で，「製品開発」と「市場開拓」は，いずれも「多角化」のひとつ手前だが，双方に前後関係はない。したがって，企業がたどる経路は，AもしくはBのいずれかになることが想定される（図表1-4参照）。

2次サプライヤーのドメイン設計能力の進化経路を考えるにあたり，本書では図表1-4の製品，市場，既存，新規といったキーワードを次のように言い換える。まず，製品は「部品・加工」，市場は「顧客」とする。また既存と新規については，既存の部品・加工を「同種の部品・加工」とし，新規の部品・加

---

(21) 実際，サプライヤーによっては，製品や顧客ごとに貸与図と承認図を使い分けていることが多い。また，サプライチェーン上の位置づけも，ある部品では2次サプライヤーだが，別の部品では1次サプライヤーになっているといったケースも生じている。

図表1-4：アンゾフの成長マトリックス

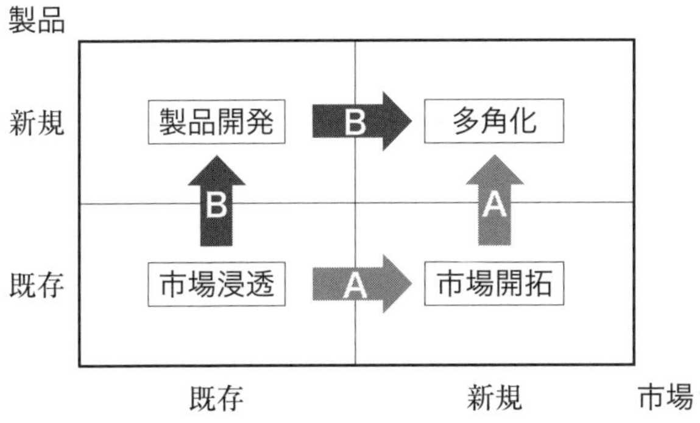

製品
新規　製品開発　B→　多角化
↑B　↑A
既存　市場浸透　A→　市場開拓
既存　新規　市場

出所：Ansoff（1965）を参考に筆者作成。

工を「異種（複数種）の部品・加工」とする。また，既存の顧客は「少数の顧客」とし，新規の顧客は「多数の顧客」とする。こうした言い換えは，既存から新規の展開がドメインの多角化と顧客のすそ野の広がりを伴うという実態を反映させるためである。とりわけサプライヤーがグローバル事業に踏み出した場合，新規の顧客を開拓する場合が多くなる。

図表1-5：ドメイン設計の能力構築と進化経路

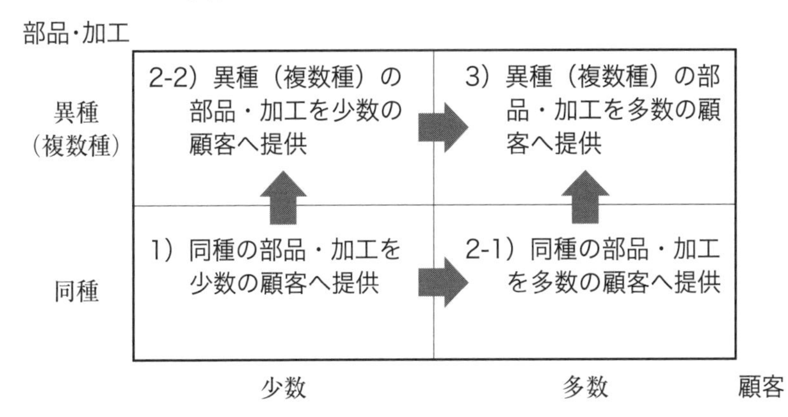

出所：筆者作成。

以上を踏まえて，ドメイン設計の進化経路を整理したのが図表1-5である。それは，1）同種の部品・加工を少数の顧客へ提供，2-1）同種の部品・加工を多数の顧客へ提供，2-2）異種（複数種）の部品・加工を少数の顧客へ提供，3）異種（複数種）の部品・加工を多数の顧客へ提供，という四つの段階で表現される。段階は四つだが，2次サプライヤーが実際にたどる経路は，基本的に1）→2-1）→3）もしくは，1）→2-2）→3）のいずれかになる。

④ 各設計能力に存在する壁

③では，工程設計，製品設計，ドメイン設計の能力構築と進化経路を示したが，それぞれの各段階でサプライヤーが克服すべき課題は当然異なる。そしていずれの設計能力においても，サプライヤーが次の段階へ移行する際に大きな壁にぶつかる局面がある。

まず工程設計能力（図表1-2参照）では，(3）から（4）へ移行する段階と(5）から（6）へ移行する段階にそれぞれ大きな技術的な壁が存在している。(3）までは，生産性を安定させるためのいわば基本的な工程設計である。発注側の1次サプライヤーも，(3）までの能力は，発注にあたっての必須条件として2次サプライヤーに求める傾向にある。一方，(4）からは積極的に生産性の向上をはかるための手段となってくる。(3）から（4）へ移行するためには，製造装置，治工具，型の設計能力が必要となるが，そのためにはCADなどの設計関連設備と設計を担うエンジニアが必要となってくる。一方，(5）から(6）へ移行するためには，複数工程を一貫生産するための敷地や建屋に加えて，工程間の同期化をはかる高度なエンジニアリング能力や組織調整能力が必要になる。これは，中小企業の多い2次サプライヤーにとっては，能力構築が難しい領域と考えられる。

つぎに，製品設計能力（図表1-3参照）では，③から④へ移行する際に自社設計能力の獲得という技術的に大きな壁が存在する。具体的にいえば，設計を担うエンジニアの採用や育成，CADなどの設計開発設備の導入などである。ここでは，一定の人的物的資源の投資が必要となってこよう。また，③と④の境界は，顧客となる1次サプライヤーとの関係でも大きな含意をもつ。すなわち，①から③までは，1次サプライヤーが求める関係的技能の蓄積であるのに対し，④以降は1次サプライヤーから独立性を確保するための方策となってくる。

最後にドメイン設計能力では，2-1）から3）もしくは1）から2-2）へ移行するところ，すなわち同種の部品・加工から異種（複数種）の部品・加工に向かうプロセスで壁が存在する。これはたとえば，今までプレス加工しかしてこなかったサプライヤーが，新たに機械加工も行うような事例を想定すれば容易に理解できるだろう。プレス加工と機械加工では，工法が異なり，現場の作業員は機械加工にかかる学習を新しく行わなければならない。また旋盤や放電加工機などの機械設備も新たに導入する必要があり，生産ラインのレイアウトも変更しなければならない。さらには，プレス工程と機械加工工程の同期化をどうはかるかといったエンジニアリングの課題も生じる。つまり，異種（複数種）の部品・加工を実現するためには，新しいドメインにかかるノウハウの習得とともに，人的にも設備的にも大きな投資が必要になってくる。

(3) 本書の研究対象と研究方法

本書は，(2）で示した枠組みで2次サプライヤーの能力構築，進化経路を分析していく。具体的な研究対象は，日本，タイ，中国における地場資本100％で主に自動車関連部品を生産しているローカル2次サプライヤーである。サプライヤーによっては，1次サプライヤーと2次サプライヤー両方の性格を有するものがあるが，本書では2次サプライヤーとしての取引（つまり自動車メーカーではなく，部品サプライヤーを顧客とした取引）が売上高の半分を超えている企業を2次サプライヤーとしている。また，対象は量産品生産のサプライヤーに限定し，試作専門のサプライヤーは対象外としている[22]。

(22)　多品種少量生産となる試作品専門サプライヤーは，能力構築のあり方が量産品サプライヤーと大きく異なるため，対象から外した。

日本，中国，タイを取り上げた理由は，それぞれがアジアの中の自動車大国として異なる性格をもち，三カ国の比較分析が有意義だと考えたからである。日本の自動車産業はおよそ100年の歴史を有し，国内市場はすでに成熟段階に達している[23]。また近年は流動化してきているものの，これまで国内には系列取引にもとづくサプライチェーンネットワークが発達してきた（Helper, 1990；Nishiguchi, 1994）。一方，タイは東南アジアの中でもっとも自動車産業が発達した国である。国内市場では日系自動車ブランドのシェアが高く，多くの日系自動車メーカーがタイ国内で現地生産を行っている。また自動車メーカーの現地生産に伴い，多くの日系1次サプライヤーも進出してきている。ただ2次サプライヤー以下になると，圧倒的に地場資本のサプライヤーが多いのもタイの特徴である。中国は，年間約2,800万台の自動車が販売される世界最大の自動車市場である。しかしそれゆえに，各国の有力自動車メーカーが注力している市場でもあり，2000年ころからの規制緩和の影響もあり，国内には100社以上の自動車メーカーが存在するといわれる（丸川・高山，2005）。日系ブランドのシェアはタイのようには高くなく，また中国でも2次サプライヤー以下になると地場資本のサプライヤーが多いとみられる。以上のように，三カ国は自動車市場の発展段階や産業組織において異なるため，2次サプライヤーの能力構築や進化経路でも特徴的な差異が浮き彫りになるのではないかと考えられる。

本書の主たる研究方法は，サプライヤーへの訪問聞き取り調査である。研究チームメンバーがサプライヤーを直接訪問し，工程設計能力，製品設計能力，ドメイン設計能力にかかる質問項目を経営者，工場長，もしくはそれに準ずる担当者に聞き取りし，生産現場の視察も行った。そしてその後，メンバー間での話し合いも交えながら，三つの設計能力の評価を判定した。図表1-6は，インタビューでの主な質問項目を示している[24]。

---

(23) 日本の自動車販売台数は1990年に約778万台を記録したのち，縮小局面に転じ，近年は500万台強程度で推移している。

(24) ドメイン設計について，納入先企業の数が10社未満の場合は「少数の顧客へ提供」

図表1-6：訪問調査の質問項目

企業概要	創業年次，従業員数，資本金，直近年度の売り上げ 直近年度の利益率，ISO9001，TS16949などの認証取得の有無
工程設計能力	➢ 工程設計の主体（顧客or自社） ➢ 標準作業手順書，5Sの導入 ➢ 不良品流出防止策の内容 ➢ 製造装置，治工具，型の自社設計，自社生産 ➢ 複数工程間のシステム設計
製品設計能力	➢ 図面の種類（貸与図or承認図） ➢ 貸与図と承認図の売り上げ比率 ➢ 貸与図の場合，図面への変更要求の経験とその内容 ➢ 貸与図の場合，図面への改善提案の経験とその内容 ➢ 承認図の場合，設計開発の内容や設計者の数
ドメイン設計能力	➢ 事業分野概要 ➢ 分野ごとの売り上げ比率 ➢ 納入先企業の数

出所：筆者作成。

図表1-7：調査対象サプライヤーの業種別分布

	日本	タイ	中国
プレス・溶接	4	9	9
機械加工	9	4	1
鍛造・鋳造	6	2	1
樹脂成型	1	5	8
組み立て	0	0	1
小計	20	20	20
機能部品	19	2	5
一般部品	1	18	15
小計	20	20	20

出所：訪問調査結果より筆者作成。

対象サプライヤーの抽出は，地域を限定したうえでランダムに行った。地域は，日本が首都圏および関西圏，タイはバンコク近郊，中国は吉林省長春市，吉林市および上海市とした。いずれの地域も，各国の自動車産業の代表的な集

とし，10社以上を「多数の顧客へ提供」とした。また特定部品・加工の売り上げ比率が50%を超えたら「同種の部品・加工」とし，そうでない場合は「異種（複数種）の部品・加工」とした。

図表1-8：調査対象企業の概要

会社コード	設立年	従業員数	主な製品	主な工法	機能/一般部品
(J1)	1954	90	自動車用部品，食品容器，ICT製品，レンズ成形型	プレス・溶接	機能部品
(J2)	1978	140	自動車用部品，ファインブランキングプレス部品	プレス・溶接	機能部品
(J3)	1961	20	ポーラスチャック，チタン製フランジ，ボンディングテーブル，自動車エンジンバルブ用金型	機械加工	機能部品
(J4)	1970	100	自動車エンジン用部品	機械加工	機能部品
(J5)	1958	150	コイリング製品，プレス部品，フォーミング製品	機械加工	機能部品
(J6)	1938	110	自動車用部品	機械加工	機能部品
(J7)	1967	350	クラッチプレート，ブレーキパッド，シートリクライニング	プレス・溶接	機能部品
(J8)	1945	150	自動車部品，電子材料	鍛造・鋳造	機能部品
(J9)	1976	140	アルミダイキャスト部品	鍛造・鋳造	機能部品
(J10)	1961	60	USB関連部品，コネクタ，ダイキャスト部品，複合加工品，シェービング加工品	プレス・溶接	一般部品
(J11)	1973	100	メタル部品，自動車エンジン関連部品	鍛造・鋳造	機能部品
(J12)	1954	100	自動車関連部品，油圧関連部品，航空機用部品	機械加工	機能部品
(J13)	1945	100	異形線，異形部品，冷間圧造部品	機械加工	機能部品
(J14)	1940	130	減速ギア，スロットルレバー，精密ギア	機械加工	機能部品
(J15)	1947	160	シンクロナイズリング，レバーシンクロ	鍛造・鋳造	機能部品
(J16)	1970	130	自動車用部品，医療機械用部品，空気圧搾機械用部品	機械加工	機能部品
(J17)	1968	290	自動車用部品，ダイキャスト関連部品	鍛造・鋳造	機能部品
(J18)	1962	160	精密部品，カシメ加工	機械加工	機能部品
(J19)	1947	220	冷間鍛造部品	鍛造・鋳造	機能部品
(J20)	1919	330	ゴム，プラスチック部品，メタル部品	樹脂成型	機能部品
(T1)	1978	250	自動車用部品，二輪車用	機械加工	一般部品
(T2)	1993	950	自動車用部品，電機部品	樹脂成型	一般部品
(T3)	1981	2,400	樹脂成型部品，アルミ部品，家電用部品	樹脂成型	一般部品
(T4)	1991	1,200	プレス，溶接，スポット溶接	プレス・溶接	一般部品
(T5)	1991	400	自動車および家電用プラスチック，ゴム部品	樹脂成型	一般部品
(T6)	1990	110	自動車用部品，家電用部品	プレス・溶接	一般部品
(T7)	2003	600	内外装用プラスチック部品，エアコン部品	樹脂成型	一般部品

(T8)	1975	900	自動車用金属プレス部品，電機用部品	プレス・溶接	機能部品
(T9)	1959	1,700	プレス部品，キャノピー	プレス・溶接	一般部品
(T10)	1993	280	精密メタル部品	機械加工	一般部品
(T11)	1989	670	ファスナー，鍛造品，機械部品	鍛造・鋳造	一般部品
(T12)	1969	270	フレーム組み立て，プレス部品，フォームワイヤー	機械加工	一般部品
(T13)	1989	440	ブラケット，ステアリング，車体部品	プレス・溶接	一般部品
(T14)	1980	320	リーフスプリング，フレームクッション，組立部品	プレス・溶接	一般部品
(T15)	2004	90	スプロケット，チェーンキット	プレス・溶接	一般部品
(T16)	2003	50	部品加工，ワイヤーカット	機械加工	一般部品
(T17)	1993	1,100	スタンピング部品	プレス・溶接	一般部品
(T18)	2002	2,100	エンジン・ギア関連部品	鍛造・鋳造	機能部品
(T19)	1991	500	ランプ・ミラー，プラスチックインジェクション部品	樹脂成型	一般部品
(T20)	1985	800	プレス部品，エアコン用部品	プレス・溶接	一般部品
(C1)	1989	200	クランクシャフト用プレス部品	プレス・溶接	機能部品
(C2)	2010	160	シートメタル加工	プレス・溶接	一般部品
(C3)	2012	40	エンジン用ベアリング	組み立て	機能部品
(C4)	1994	650	フレーム，シート組み立て	プレス・溶接	一般部品
(C5)	2003	70	ドアヒンジ	機械加工	一般部品
(C6)	2009	180	ドア，インスツルメンタルパネル	樹脂成型	一般部品
(C7)	2006	420	ブレーキシステム部品	プレス・溶接	一般部品
(C8)	2000	160	シート部品	プレス・溶接	一般部品
(C9)	2014	40	ブレーキ部品	鍛造・鋳造	一般部品
(C10)	1997	400	シートメタル加工	プレス・溶接	一般部品
(C11)	2005	200	プラスチック部品	樹脂成型	一般部品
(C12)	1998	360	プラスチック，ゴム部品	樹脂成型	機能部品
(C13)	2003	480	ゴム製品，部品	樹脂成型	機能部品
(C14)	1998	420	樹脂加工品，フェルト加工品	樹脂成型	一般部品
(C15)	1960	120	中小型金属プレス部品	プレス・溶接	一般部品
(C16)	1996	620	内外装用プラスチック部品	樹脂成型	一般部品
(C17)	1953	1,300	車輪組み立て	プレス・溶接	機能部品
(C18)	1993	90	ボディ，プラットフォーム	プレス・溶接	一般部品
(C19)	2014	40	フロントモジュール	樹脂成型	一般部品
(C20)	2012	50	プラスチック部品	樹脂成型	一般部品

出所：訪問調査結果および各社のホームページより筆者作成。

積地である。サンプル数は，各国20社とし，合計60社のサンプルを集めた(25)。サプライヤーの業種別分布は，製造方法にもとづいて分類すると図表1-7のとおりである。日本では機械加工が多いのに対し，タイ，中国ではプレス・溶接，樹脂成型が多くなっている。また生産している部品が自動車の基本機能である「走る，曲がる，止まる」にかかるものであれば「機能部品」，そうでない場合は「一般部品」とした部品特性に応じた分布も示している。日本のローカル2次サプライヤーは機能部品がほとんどなのに対し，タイや中国のローカル2次サプライヤーは一般部品が多くなっている。

なお図表1-8は各社の概要である。会社コードは，後に分析結果を示す際に使用する。また従業員数は，各社聞き取り調査を行った時点のデータであるが，企業名の特定を避けるために下一桁の数字はまるめてある。

【参考文献】

Asanuma, B. (1989) "Manufacturer-supplier relationships in Japan and the concept of relation-specific skill", *Journal of the Japanese and international economies*, 3(1), pp.1-30.

浅沼萬里（1990）「日本におけるメーカーとサプライヤーとの関係―「関係特殊的技能」の概念の抽出と定式化」『経済論叢』145(1-2)，pp.1-45.

浅沼萬里（1993）「調整と革新的適応のメカニズム」伊丹敬之・伊藤元重・加護野忠男編『日本の企業システム 第4巻 企業と市場』第2章，有斐閣.

浅沼萬里（1994）「日本企業のコーポレートガバナンス―雇用関係と企業間取引関係を中心に」日本銀行金融研究所『金融研究』13(3)，pp.97-119.

浅沼萬里（1997）『日本の企業組織・革新的適応のメカニズム：長期取引関係の構造と機能』東洋経済新報社.

Ansoff, H.I. (1965) *Corporate strategy: An analytic approach to business policy for*

---

(25) "The Oxford 2011 Levels of Evidence"によると，実証研究のエビデンスレベルは6段階に分かれる。もっとも高いエビデンスレベル1は，「ランダムサンプルによる大量データで，客観的に実証できる」で，もっとも低いエビデンスレベル6は，「専門家個人の意見」である。本研究のエビデンスレベルは，上から二番目の「完全なランダムではないが，中量規模の事例が比較されている」にあたる。

growth and expansion, McGraw-Hill Companies.

Doeringer, P. & Diore, M. (1971) *Internal market labor markets and manpower analysis. HC Heath*, Lexington.

藤本隆宏（1997）『生産システムの進化論：トヨタ自動車にみる組織能力と創発プロセス』有斐閣.

Helper, S. (1990) Comparative supplier relations in the US and Japanese auto industries: an exit/voice approach. *Business and Economic history*, pp.153-162.

Jeffrey H.Dyer. (1996a) "Specialized supplier networks as a source of competitive advantage evidence from the auto industry," *Strategic Management Journal*, 17(4), pp.271-291.

Jeffrey H.Dyer. (1996b) "How Chrysler Created an American Keiretsu", *Harvard Business Review*, 74(4), pp.42-56.

Kim B. Clark And Takahiro Fujimoto (1991) *Product Development Performance- Strategy, Organization, and Management in the World Auto Industry-*, Harvard Business Press.

黒川基裕（2008）「タイ国自動車産業におけるものづくり能力の構築：承認図生産に向けたタイ系部品メーカーの対応」『国際ビジネス研究学会年報』14，pp.113-124.

黒川基裕・高橋与志（2005）「ローカルサプライヤーにおけるエンジニアリング能力の形成―タイ国自動車産業を事例として」『アジア経営研究』11，pp.109-117.

高橋与志・黒川基裕（2006）「タイ系自動車部品メーカーにおける製品開発能力の構築」『アジア経営研究』12，pp.153-163.

高橋与志・黒川基裕（2007）「途上国企業の製品開発能力構築過程におけるQCD管理能力向上の効果：タイ系自動車部品メーカーを事例として」『国際ビジネス研究学会年報』13，pp.69-81.

丸川知雄・高山勇一（2004）『グローバル競争時代の中国自動車産業』蒼蒼社.

Nishiguchi, T. (1994) *Strategic industrial sourcing: The Japanese advantage*, Oxford University Press on Demand.

Williamson, O.E. (1979) "Transaction-cost economics: the governance of contractual relations", *The journal of law & economics*, 22(2), pp.233-261.

Williamson, O.E. (1981) "The economics of organization: The transaction cost approach", *American journal of sociology*, 87(3), pp.548-577.

Williamson, O.E. (1989) "Transaction cost economics", *Handbook of industrial organi-*

zation, 1, pp.135-182.

（赤羽　淳）

第2章
アジア三カ国のローカル2次サプライヤーの比較分析

本章では，企業訪問調査の結果をもとに，各国のローカル2次サプライヤーが工程設計，製品設計，ドメイン設計の各能力でどのような特性をもっているかを比較分析していく。比較分析は三つの設計能力のうち，二つの設計能力を縦と横にとった散布図を描いたり，各種統計的手法を用いたりして行っていく。この比較分析を通じて，企業国籍別にみたローカル2次サプライヤーの能力構築や進化経路の違いが俯瞰できる。なお散布図の上で，企業国籍はJ（日本），T（タイ），C（中国）の頭文字で表し，(F) および (G) という記号を後ろに付すことによって，機能部品（Functional Parts）サプライヤーか一般部品（General Parts）サプライヤーかを表す。

(1) 散布図によるポジショニング分析

図表2-1は，工程設計能力と製品設計能力を二軸にとった散布図である。アジア三カ国全体でみれば，工程設計能力と製品設計能力の間には相関関係があるようにみえる。二つの能力の間には，相乗効果があることがうかがえる。

また，日本のローカル2次サプライヤーがおおむね右上に分布しており，タイや中国のローカル2次サプライヤーとの間に工程設計能力や製品設計能力の差異があることが視覚的にわかる。日本のすべてのローカル2次サプライヤーの工程設計能力が (3) 以上の評価になっており，日本では不良品流出防止策が工程内につくりこまれている様子がうかがえよう。さらに製品設計能力の分布に注目すると，日本のローカル2次サプライヤーは20社中，19社で③（貸与図に対してVA/VEによる製品設計改善を提案する能力）以上の製品設計能力を有していることも見て取れる。

一方でタイと中国を比べると，両者の間に工程設計能力や製品設計能力の明確な差異は，少なくとも視覚的には見いだせない。今回の調査対象の中には，工程設計能力 (1)，製品設計能力①といった初歩的なものづくり能力しかもたないローカル2次サプライヤーがタイで二社，中国で一社存在していた（T4 (G)，T6 (G)，C1 (F)）。またタイ，中国ともに左下から右上へ万遍なくロー

図表 2-1：工程設計能力×製品設計能力

製造装置等の自社設計の壁（(3)と(4)の間）／複数工程間のシステム設計の壁（(5)と(6)の間）／承認図の壁（③と④の間）

製品設計能力								
	貸与図の部品が主で承認図の部品が従	⑥承認図あり						J5(F) J8(F)
		⑤承認図一部あり				J1(F) J6(F) J20(F)	J9(F) J15(F) J18(F) J19(F)	J7(F)
		④萌芽的承認図一部あり			T5(G)	J2(F) J3(F) T8(F) T11(G) C12(F) C17(F)	J13(F) J14(F) C13(F) C14(G) C18(G)	J16(F)
	貸与図の部品のみ	③貸与図への改善提案(VA/VE提案)			J4(F) T16(G)	J11(F) J12(F) J17(F) T9(G) T18(F) C6(G) C10(G)	T14(G)	C15(G)
		②貸与図への変更要求		T12(G) T15(G) C2(G) C20(G)	J10(G) T2(G) T7(G) T10(G) T13(G) T17(G) T19(G) C9(G)	T3(G) C4(G) C7(G) C16(G)		
		①貸与図の正確な理解	T4(G) T6(G) C1(F)	T1(G) C3(F) C5(G) C11(G) C19(G)	T20(G) C8(G)			
			(1) 顧客の指示・指導にもとづく工程の設計	(2) 基本的な工程管理システムの構築	(3) 不良品流出防止策の構築	(4) 製造装置・治工具・型の自社設計	(5) 製造装置・治工具・型の自社生産	(6) 複数工程間のシステム設計
			生産性の安定化			生産性の向上		生産性の飛躍的向上
			工程設計が顧客依存	工程設計の部分最適化				工程設計の全体最適化
				工程設計が自立化				
			工程設計能力					

出所：訪問調査結果より筆者作成。

カル2次サプライヤーが分布しているようにみえる。つまり，タイや中国では個々のローカル2次サプライヤーの実力差がはっきりしている可能性がある。

部品特性別にみると企業国籍にかかわらず，機能部品サプライヤーが右上に位置する。総合的なものづくり能力が高いサプライヤーほど，機能部品の生産，加工を任されることのあらわれである。

つぎに，図表2-2で工程設計能力とドメイン設計能力の散布図をみると，ここでも日本のローカル2次サプライヤーはタイや中国のローカル2次サプライヤーよりも右上に分布している。一方，タイと中国を比べると，タイのローカル2次サプライヤーの中には工程設計能力が低いにもかかわらず，ドメイン設計能力の高いローカル2次サプライヤーがある（T4（G），T5（G），T6（G））。そして部品特性別についても，機能部品サプライヤーが全般的に右上のほうへ位置していることがわかる。

つづいて，図表2-3で製品設計能力とドメイン設計能力の散布図をみてみよう。ここでも日本のローカル2次サプライヤーは相対的に右上に分布しており，タイや中国より二つの設計能力が優れていると推察できる。また日本の分布をよくみると，製品設計能力とドメイン設計能力の間には，強い相関があるようにはみえない。日本では，J10（G），J11（F），J12（F）のように，製品設計能力が②や③の評価であっても，ドメインの多角化が進んでいる企業が存在している。

一方，タイと中国を比較すると，T3（G），T4（G），T6（G）に代表されるように，タイの分布のほうがよりばらついてみえる。中国のローカル2次サプライヤーのなかで，製品設計能力が低く，ドメイン設計能力が高いローカル2次サプライヤーはC2（G）のみであった。また，部品特性別については，やはり機能部品サプライヤーが全般的に右上のほうへ位置していることがわかる。

以上が散布図による比較分析の概要だが，先行研究では工程設計能力や製品設計能力の向上の結果，ドメインの多角化が可能になると考えられていた

図表2-2：工程設計能力×ドメイン設計能力

（製造装置等の自社設計の壁：(3)と(4)の間／複数工程間のシステム設計の壁：(5)と(6)の間／異種（複数種）の部品・加工の壁：2－2)と2－1)の間）

ドメイン設計能力		(1) 顧客の指示・指導にもとづく工程の設計	(2) 基本的な工程管理システムの構築	(3) 不良品流出防止策の構築	(4) 製造装置・治工具・型の自社設計	(5) 製造装置・治工具・型の自社生産	(6) 複数工程間のシステム設計
異種（複数種）部品・加工への多角化	3) 異種（複数種）の部品・加工を多数の顧客へ提供顧客	T6(G)		T5(G)	J1(F) J2(F) J11(F) J12(F) T3(G) T8(F) T9(G) T11(G) T18(F)	J13(F) J14(F) J18(F) J19(F) T14(G) C14(G)	J5(F) J7(F) J8(F) J16(F)
	2－2) 異種（複数種）の部品・加工を少数の顧客へ提供	T4(G)	C2(G)	J10(G)	J3(F) J6(F) J20(F) C12(F)	C18(G)	C15(G)
同種部品・加工依存	2－1) 同種の部品・加工を多数の顧客へ提供		T15(G) C3(F)	T2(G) T7(G) T10(G) T13(G) T17(G) T19(G) T20(G) C8(G)	J17(F) C4(G) C6(G) C7(G) C16(G) C17(F)	J15(F) C13(F)	
	1) 同種の部品・加工を少数の顧客へ提供	C1(F)	T1(G) T12(G) C5(G) C11(G) C19(G) C20(G)	J4(F) T16(G) C9(G)	C10(G)	J9(F)	

	生産性の安定化			生産性の向上		生産性の飛躍的向上
	工程設計が顧客依存	工程設計の部分最適化				工程設計の全体最適化
		工程設計の自立化				
	工程設計能力					

出所：訪問調査結果より筆者作成。

図表2-3：製品設計能力×ドメイン設計能力

承認図の壁

ドメイン設計能力								
異種（複数種）部品・加工への多角化	3）異種（複数種）の部品・加工を多数の顧客へ提供	T6(G)	T3(G)	J11(F) J12(F) T9(G) T14(G) T18(F)	J2(F) J13(F) J14(F) J16(F) T5(G) T8(F) T11(G) C14(G)	J1(F) J7(F) J18(F) J19(F)	J5(F) J8(F)
	2−2）異種（複数種）の部品・加工を少数の顧客へ提供	T4(G)	J10(G) C2(G)	C15(G)	J3(F) C12(F) C18(G)	J6(F) J20(F)	
同種部品（技術）依存	2−1）同種の部品・加工を多数の顧客へ提供	T20(G) C3(F) C8(G)	T2(G) T7(G) T10(G) T13(G) T15(G) T17(G) T19(G) C4(G) C7(G) C16(G)	J17(F) C6(G)	C13(F) C17(F)	J15(F)	
	1）同種の部品・加工を少数の顧客へ提供	T1(G) C1(F) C5(G) C11(G) C19(G)	T12(G) C9(G) C20(G)	J4(F) T16(G) C10(G)		J9(F)	
		①貸与図の正確な理解	②貸与図への変更要求	③貸与図への改善提案（VA/VE提案）	④萌芽的承認図一部あり	⑤承認図一部あり	⑥承認図あり
		貸与図の部品のみ			貸与図の部品が主で承認図の部品が従		
		製品設計能力					

異種（複数種）の部品・加工の壁

出所：訪問調査結果より筆者作成。

(Asanuma, 1989)[(1)]。しかし図表2-2や図表2-3の分析結果は，ものづくり能力とドメインの多角化が必ずしも一意の相互関係にあるわけではないことを示唆している。特にタイのローカル2次サプライヤーのなかには，工程設計能力や製品設計能力が低くても，ドメインの多角化をしているローカル2次サプライヤーが存在する点には留意を要する（T3（G），T4（G），T5（G），T6（G））。これらのローカル2次サプライヤーは，成長戦略としてものづくり能力よりもドメイン設計能力の強化を念頭に考えている可能性がある。

図表2-4：各設計能力で「壁」を超えた企業の割合

	機能部品比率	工程設計能力（4）以上	製品設計能力④以上	工程設計能力（6）	ドメイン設計能力2-2）以上
日本	95.0%	90.0%	75.0%	20.0%	80.0%
タイ	10.0%	30.0%	15.0%	0.0%	45.0%
中国	25.0%	55.0%	25.0%	5.0%	25.0%

出所：訪問調査結果にもとづいて筆者作成。

つづいて，それぞれの設計能力で「壁」を超えた企業の割合を国籍別にみてみよう（図表2-4）。製造装置，治工具，型の自社設計を通じて工程の最適化をできるローカル2次サプライヤー（工程設計能力（4）以上）の割合は，日本が90%（18社）なのに対し，タイは30%（6社），中国は55%（11社）である。また，日本では，承認図を用いた事業を部分的にでも行っているローカル2次サプライヤー（製品設計能力④以上）が全体の75%（15社）に達した。一方で，タイでは15%（3社），中国では25%（5社）に過ぎない。タイや中国では大半のローカル2次サプライヤーが貸与図にもとづいて加工，生産を行っていることがわかる。この二つの指標から，ものづくり能力の発展段階で，日本とタイ，中国の間に明確な差異があることが改めてうかがえる。

一方で，複数工程間のシステム設計ができるローカル2次サプライヤー（工

(1)　浅沼はサプライヤーが関係的技能の蓄積を通じて，より付加価値の高い仕事（承認図の部品）を任されるようになって，事業領域の多角化がはじめて可能になると主張している。

程設計能力（6）以上）の割合になると，日本でも20%（4社）にとどまり，タイは0%（0社），中国は5%（1社）であった。こうした結果は，日本を含むアジアのローカル2次サプライヤーにとって，複数工程間の同期化を図るエンジニアリング能力や組織調整能力の獲得がいかに難しいかを示唆している。そして，ドメインの多角化をはかっているローカル2次サプライヤー（ドメイン設計能力：2-2）以上）は，日本で80%（16社）であり，タイでも45%（9社）にのぼる。しかし中国のローカル2次サプライヤーは25%（5社）しかなく，これも各国の違いが明確となった。

（2）統計による比較分析

散布図による比較分析によって，日本，タイ，中国のローカル2次サプライヤーの大まかな違いはある程度明らかになった。この小節では統計分析を行うことで，（1）で観察した結果を傍証していく。まず，三つの設計能力の評価を点数化することで，統計分析に対応できるようにする。つぎに，各設計能力間の相関係数や標準偏差を計算したり，t検定を行ったりすることで，企業国籍ごとの違いを統計的視点で確認していく。

図表2-5：点数化の考え方

<table>
<tr><th colspan="2">工程設計能力</th><th colspan="2">製品設計能力</th><th colspan="2">ドメイン設計能力</th></tr>
<tr><th>評価</th><th>点数</th><th>評価</th><th>点数</th><th>評価</th><th>点数</th></tr>
<tr><td>(6)</td><td>100</td><td>⑥</td><td>100</td><td>3)</td><td>100</td></tr>
<tr><td>(5)</td><td>83</td><td>⑤</td><td>83</td><td rowspan="2">2-2)</td><td rowspan="2">75</td></tr>
<tr><td>(4)</td><td>66</td><td>④</td><td>66</td></tr>
<tr><td>(3)</td><td>50</td><td>③</td><td>50</td><td rowspan="2">2-1)</td><td rowspan="2">50</td></tr>
<tr><td>(2)</td><td>33</td><td>②</td><td>33</td></tr>
<tr><td>(1)</td><td>17</td><td>①</td><td>17</td><td>1)</td><td>25</td></tr>
</table>

出所：筆者作成。

図表2-5は，各設計能力の評価を点数に変換する際の考え方を示している。各設計能力の最高評価を満点の100点とし，各評価を点数化する。工程設計能

図表2-6：日本のローカル2次サプライヤーの評価と点数

企業コード	評価			点数化結果			
	工程設計	製品設計	ドメイン設計	工程設計	製品設計	ドメイン設計	平均点
J1(F)	(4)	⑤	3)	67	83	100	83
J2(F)	(4)	④	3)	67	67	100	78
J3(F)	(4)	④	2-2)	67	67	75	69
J4(F)	(3)	③	1)	50	50	25	42
J5(F)	(6)	⑥	3)	100	100	100	100
J6(F)	(4)	⑤	2-2)	67	83	75	75
J7(F)	(6)	⑤	3)	100	83	100	94
J8(F)	(6)	⑥	3)	100	100	100	100
J9(F)	(5)	⑤	1)	83	83	25	64
J10(G)	(3)	②	2-2)	50	33	75	53
J11(F)	(4)	③	3)	67	50	100	72
J12(F)	(4)	③	3)	67	50	100	72
J13(F)	(5)	④	3)	83	67	100	83
J14(F)	(5)	④	3)	83	67	100	83
J15(F)	(5)	⑤	2-1)	83	83	50	72
J16(F)	(6)	④	3)	100	67	100	89
J17(F)	(4)	③	2-1)	67	50	50	56
J18(F)	(5)	⑤	3)	83	83	100	89
J19(F)	(5)	⑤	3)	83	83	100	89
J20(F)	(4)	⑤	2-2)	67	83	75	75

(注) 平均点は各設計能力の点数を算術平均したもの，以下同様。
出所：訪問調査の評価にもとづいて筆者計算。

力と製品設計能力については，6段階の評価を等差で点数化する。一方，ドメイン設計能力は，4段階の評価を等差で点数化している。第1章の図表1-5が示すように，2-2）は2-1）の次の段階として位置づけられるわけではないものの，同種の部品・加工から異種（複数種）の部品・加工に向かって技術的な壁を乗り越えなければならないという点で，2-2）は明らかに2-1）よりも技術的な難度が高い。したがって2-2）の点数を2-1）よりも高く設定した。

以上の考え方にもとづいて，調査対象のローカル2次サプライヤーの評価を点数化したものが図表2-6，図表2-7，図表2-8である。

つぎに，企業国籍別および各設計能力別に平均点，最高点，最低点を計算し

図表2-7：タイのローカル2次サプライヤーの評価と点数

企業コード	評価			点数化結果			
	工程設計	製品設計	ドメイン設計	工程設計	製品設計	ドメイン設計	平均点
T1(G)	(2)	①	1)	33	17	25	25
T2(G)	(3)	②	2-1)	50	33	50	44
T3(G)	(4)	②	3)	67	33	100	67
T4(G)	(1)	①	2-2)	17	17	75	36
T5(G)	(3)	④	3)	50	67	100	72
T6(G)	(1)	①	3)	17	17	100	44
T7(G)	(3)	②	2-1)	50	33	50	44
T8(F)	(4)	④	3)	67	67	100	78
T9(G)	(4)	③	3)	67	50	100	72
T10(G)	(3)	②	2-1)	50	33	50	44
T11(G)	(4)	④	3)	67	67	100	78
T12(G)	(2)	②	1)	33	33	25	31
T13(G)	(3)	②	2-1)	50	33	50	44
T14(G)	(5)	③	3)	83	50	100	78
T15(G)	(2)	②	2-1)	33	33	50	39
T16(G)	(3)	③	1)	50	50	25	42
T17(G)	(3)	②	2-1)	50	33	50	44
T18(F)	(4)	③	3)	67	50	100	72
T19(G)	(3)	②	2-1)	50	33	50	44
T20(G)	(3)	①	2-1)	50	17	50	39

出所：訪問調査の評価にもとづいて筆者計算。

てみた。その結果が図表2-9である。日本は，工程設計能力，製品設計能力，ドメイン設計能力，全能力平均のすべてでタイ，中国を上回っている。一方，タイと中国を比較すると，ドメイン設計能力と全能力平均ではタイが中国を上回ったが，工程設計能力と製品設計能力に関しては中国のほうがタイよりも高くなった。

つづいて各標本のバラつきを見るために，標準偏差を計算してみた。その結果が図表2-10である。工程設計能力や製品設計能力に関しては中国の標準偏差がもっとも大きくなっている。中国では，サプライヤー間のものづくり能力の格差が大きいと推察される。一方，ドメイン設計能力については，タイ，日

図表2-8：中国のローカル2次サプライヤーの評価と点数

企業コード	評価			点数化結果			
	工程設計	製品設計	ドメイン設計	工程設計	製品設計	ドメイン設計	平均点
C1(F)	(1)	①	1)	17	17	25	19
C2(G)	(2)	②	2-2)	33	33	75	47
C3(F)	(2)	①	2-1)	33	17	50	33
C4(G)	(4)	②	2-1)	67	33	50	50
C5(G)	(2)	①	1)	33	17	25	25
C6(G)	(4)	③	2-1)	67	50	50	56
C7(G)	(4)	②	2-1)	67	33	50	50
C8(G)	(3)	①	2-1)	50	17	50	39
C9(G)	(3)	②	1)	50	33	25	36
C10(G)	(4)	③	1)	67	50	25	47
C11(G)	(2)	①	1)	33	17	25	25
C12(F)	(4)	④	2-2)	67	67	75	69
C13(F)	(5)	④	2-1)	83	67	50	67
C14(G)	(5)	④	3)	83	67	100	83
C15(G)	(6)	③	2-2)	100	50	75	75
C16(G)	(4)	②	2-1)	67	33	50	50
C17(F)	(4)	④	2-1)	67	67	50	61
C18(G)	(5)	④	2-2)	83	67	75	75
C19(G)	(2)	①	1)	33	17	25	25
C20(G)	(2)	②	1)	33	33	25	31

出所：訪問調査の評価にもとづいて筆者計算。

本，中国という順番となった。全能力平均でみると，日本よりもタイや中国のばらつきが大きいことがわかる。以上の分析からタイや中国では，優良サプライヤーとそうでないサプライヤーの能力格差が大きいことがうかがえる。

これまでの分析で，日本とタイ，中国の間にローカル2次サプライヤーの能力格差があることは理解できた。それではタイと中国の間にローカル2次サプライヤーの能力格差はあるのだろうか。その点を分析するために，三つの設計能力および全能力平均の平均点の差に関して，t検定を行ってみよう。まずF検定を行った結果，いずれの能力に関しても「タイと中国の分散に差がない」

図表2-9：企業国籍別設計能力別の平均点・最高点・最低点

日本	工程設計能力	製品設計能力	ドメイン設計能力	全能力平均
平均点	77	72	83	77
最高点	100	100	100	100
最低点	50	33	25	42

タイ	工程設計能力	製品設計能力	ドメイン設計能力	全能力平均
平均点	50	38	68	52
最高点	83	67	100	78
最低点	17	17	25	25

中国	工程設計能力	製品設計能力	ドメイン設計能力	全能力平均
平均点	57	39	49	48
最高点	100	67	100	83
最低点	17	17	25	19

出所：訪問調査の評価にもとづいて筆者計算。

図表2-10：各設計能力の標準偏差

	工程設計能力	製品設計能力	ドメイン設計能力	全能力平均
日本	15.3	17.6	25.1	15.0
タイ	16.7	15.9	28.6	16.9
中国	22.0	19.2	21.6	18.6

出所：訪問調査の評価にもとづいて筆者計算。

図表2-11：タイと中国の各能力の平均点の差に関するt検定結果

	工程設計能力	製品設計能力	ドメイン設計能力	全能力平均
t検定	0.30	0.89	**0.03	0.52

（注）** は5%の水準で統計的に有意であることを示す。
出所：訪問調査の評価にもとづいて筆者計算。

図表2-12：各設計能力間の相関係数

	工程設計×製品設計		工程設計×ドメイン設計		製品設計×ドメイン設計		N数
日本	0.69	***	0.40		0.20		20
タイ	0.68	***	0.44		0.49	**	20
中国	0.80	***	0.63	***	0.62	***	20
全体	0.81	***	0.53	***	0.54	***	60

（注）** は5%の水準で，*** は1%の水準で統計的に有意であることを示す。
出所：訪問調査の評価にもとづいて筆者計算。

という帰無仮説は棄却できなかった(2)。そこで，等分散を仮定した両側のt検定を行った。図表2-11は，その結果である。工程設計能力，製品設計能力，全能力平均に関しては，タイと中国の平均点が同じであるという帰無仮説が棄却できないが，ドメイン設計能力については有意水準5%で帰無仮説が棄却される。つまり，ものづくり能力についてはタイと中国のローカル2次サプライヤー間に統計的な差はないものの，ドメイン設計能力はタイのローカル2次サプライヤーが中国を上回っていると考えられる。

つづいて，各設計能力間の相関係数を計算してみた(3)。図表2-12は，その結果である。工程設計能力と製品設計能力の相関係数を計算すると，いずれにおいても統計的に有意な相関がみられ，企業国籍にかかわらず，二つの設計能力の間には相乗効果があることが推察される。一方，工程設計能力とドメイン設計能力の相関係数を計算すると日本やタイでは工程設計能力とドメイン設計能力の間に統計的に有意な相関は見いだせない。また，工程設計能力とドメイン設計能力の相関は，工程設計能力と製品設計能力の相関と比べて，強いとはいえず，両者は相対的に独立した能力と考えるのが自然であろう。また製品設計能力とドメイン設計能力の相関係数を計算しても，日本では両者の間に統計的に有意な相関は見いだせない。また，工程設計能力と製品設計能力の相関係数に比べて，製品設計能力とドメイン設計能力の相関も弱いことがわかる。以上の分析より，ものづくり能力とドメイン設計能力は別の概念としてとらえることが妥当だといえる。

---

(2)　タイと中国の各設計能力の標本によるF検定の結果は，工程設計能力：0.24，製品設計能力：0.42，ドメイン設計能力：0.23，全能力平均：0.69となった。

(3)　各設計能力の評価は質的なものであり，評価の間に量的な等間隔性が保証されないことをふまえると，順位相関係数を使う方法もある。ただし順位相関関係を計算した結果は，工程設計×製品設計（日本：0.65***，タイ：0.73***，中国：0.83***，全体：0.82***），工程設計×ドメイン設計（日本：0.46**，タイ：0.56**，中国：0.65***，全体：0.56***），製品設計×ドメイン設計（日本：0.19，タイ：0.46**，中国：0.61***，全体：0.54***）であり，日本，タイの工程設計×ドメイン設計の相関関数が統計的に優位になる以外には，図表2-12と本質的な違いは見いだせない。

(3) 分析結果の考察

本節では，散布図分析や統計分析で得られた結果の背景について，主に三カ国の自動車産業の発展段階（歴史），自動車市場の成長性，企業家精神，部品特性（機能部品/一般部品）の視点から考察を行っていく。

① 自動車産業の発展段階

（1）の比較分析を通じて，いずれの設計能力についても日本のローカル2次サプライヤーがタイや中国のローカル2次サプライヤーをうわまわることがわかったが，この背景には日本の自動車産業の歴史がタイや中国よりも長く，その分，産業の発展段階が成熟しており，すそ野も広いことが関係していると考えられる。日本で自動車生産が開始されたのは1900年代初頭であり，日本の自動車産業の歴史はすでに100年以上になる（佐々木，2005）。また日本では，自動車産業の発展過程のなかで，自動車メーカーを頂点するサプライチェーンのヒエラルキーが形成されており，そこでは系列にもとづく取引ネットワークを通じて，取引先，発注先のものづくり能力を鍛えながらサプライチェーン全体が共同で品質を高めるという取り組みがなされてきた（名城，1997）。これに対しタイの自動車生産は，1960年代の日系自動車メーカーの進出から本格的に始まった（黒川，2015）。また中国の自動車生産は，1953年に設立された第一汽車による解放トラックの量産が事実上の嚆矢である（丸川・高山，2004）。したがって，タイ，中国ともに自動車生産の歴史は，日本の半分程度に過ぎないことになる。また両国では，サプライチェーンネットワークの形成も急速に進みつつあるが，機能部品を中心にまだ輸入に依存しているものもある。今回の調査結果でみられた日本のローカル2次サプライヤーの工程設計能力，製品設計能力の相対的な高さは，こうした自動車産業の歴史的な長さに裏付けられると考えられる。

また，日本のローカル2次サプライヤーの75％が承認図の部品に対応しているが，これはFujimoto and Clark（1991）の指摘した日本企業の承認図指向が2次サプライヤーのレベルでもみられたことを示す。さらに工程設計についても，90％の日本の2次サプライヤーが製造装置，治工具，型の自社設計を通じて工程の最適化を達成していた。日本では，自動車生産における「改善(KAIZEN)」の思想が，2次以下のサプライヤーにも浸透しているということである。これらの点も，日本の自動車産業がより成熟した段階にあることが背景になっていると考えられよう。

② 自動車市場の成長性

自動車市場の成長性に関しては，総じて日本市場が成熟段階にあるのに対し，タイ市場や中国市場は右肩上がりの成長段階にあるといえる。そうした成長性の差異も，先の比較分析結果の違い，とりわけ各国2次サプライヤーのドメイン設計能力の違いの要因になっていると考えられる。日本のローカル2次サプライヤーはドメイン設計能力も高かったが，背景には国内市場がすでに縮小段階に入っていることが関係する。具体的にいえば，日本の自動車メーカーや1次サプライヤーは国内市場の縮小に対して海外展開をはかっていったが，経営資源が限られた2次サプライヤーは国内での生き残りのために，ドメインを多角化していると考えられる。

一方，タイと中国を比較した結果，タイのローカル2次サプライヤーのほうがドメインの多角化が進んでいた。タイは日本のような本格的な自動車市場の縮小段階にあるわけではないが，近年ではファーストカーバイヤー政策(4) が終了した2012年以降，国内の自動車販売台数が低迷した状態がしばらく続き，タイのローカル2次サプライヤーはドメインの多角化の必要に迫られていたことが想像できる。それに対し中国は，2009年以降，国内の自動車生産台数が

(4)　2011年9月から2012年12月にかけて実施された初回車購入者に対する税制上の恩典措置を指す。具体的には，100万バーツ以下のマイカーを購入する場合，10万バーツを上限として自動車物品税を還付するという制度である。この措置により，タイの自動車販売台数は一時的に上向いたが，その後は販売台数が低迷し，結果的に同措置は需要の先食いを招いたといわれている。

急拡大している[5]。このような状況下，ローカル2次サプライヤーは既存事業の対応で稼働が手一杯となっており，良い意味で他の分野へ展開する余裕がなかったとみられる。

またタイと中国のローカル2次サプライヤーの工程設計能力の違いも，同様な視点から説明できるだろう。工程設計能力の平均点については，統計的に有意な差は検出できなかったが，中国の2次サプライヤーがタイを上回っていた（図表2-9）。中国の自動車生産台数は2009年以降，急速に伸長し，ローカル2次サプライヤーの加工，生産規模も急拡大したとみられる。それに伴い，規模の経済を達成できるようになったことが，製造装置，治工具，型のカスタマイズを容易にし，自社設計，自社生産を促したと考えられる。

③ 企業家精神

各国経営者の企業家精神の違いも，ローカル2次サプライヤーの能力構築や進化経路の違いに影響をしてくると考えられる。今回の企業訪問調査を通じて，日本のローカル2次サプライヤーの経営者は，自社の規模が小さくても単純な下請け賃加工に甘んずることはなく，工程設計能力や製品設計能力を磨いてものづくり能力を向上させようとする意識をもつことが明らかとなった。いいかえれば，いたずらに規模を追求したり，ドメインを多角化したりするのではなく，まずは技術力の裏付けを確立しようとする意識が強い。日本では匠の技術に拘る職人気質の経営者が多いということである。

一方，日本と対極をなしたのが，タイのローカル2次サプライヤーの経営者であった。一般に，タイ人の経営者は，短期利益を追求することが多いといわれる（土屋，2016）。また，基本的なものづくり能力を切磋琢磨することに，日本企業ほど注意を払わないともいわれている（黒川，2008）[6]。つまり時間

---

(5) 中国の自動車販売台数は，2009年に初めて1,000万台を突破してから，2012年には2,000万台を超え，2016年には約2,803万台に達している。

(6) 黒川によると，タイのサプライヤーでは，実験データの管理がされてなかったり，図面の変更のログが残されていなかったりするという（黒川，2008）。

をかけてものづくり能力を高めることよりも，短期的利益に結び付く事業機会が目の前にあれば，それが既存の事業と関連性が薄くても積極的に参入していくということである。今回，訪問したタイのローカル2次サプライヤーの中では，工程設計能力や製品設計能力が低いのにドメイン設計能力が特に高かったT3，T4，T5，T6の経営者が，特にそのような経営思想をもっていた。訪問調査にもとづけば，T3，T5，T6は自動車部品以外に積極的に家電分野を開拓していた。タイでは家電市場が近年，伸びており，家電関連の部品需要も拡大していることがその理由であった。なかでもT3は自動車向けに樹脂成型加工をするかたわら，家電向けにはコンプレッサー関連の部品を製造していたが，両者の技術的関連性はほとんどなかった。一方，T4の経営者は，日系の1次サプライヤーとの取引拡大に慎重な姿勢を示していたが，それは彼らの要求水準が高すぎることが理由であった。T4の経営者は，技術的に面倒な仕事は避け，短期的な収益に結び付く事業機会として，自動車以外の二輪車関連の部品加工を積極的に行っていると述べていた。

中国のローカル2次サプライヤーの経営者は，訪問調査にもとづく限り，どちらかというと日本よりの印象があった。日系1次サプライヤーとの取引が少ないローカル2次サプライヤーでも，5Sやカイゼンといった日本発の品質向上の取り組みは積極的に導入していた。また，最近成長して来た中国民族系自動車メーカーとの取引では，サプライヤー側に製品設計能力が期待されていることから，製品設計能力の獲得を重視しているのも中国の特徴といえるだろう。

④ 部品特性（機能部品/一般部品）

工程設計能力および製品設計能力に関して，日本とタイおよび中国の間に大きな差異が見出されたもうひとつの理由は，加工，生産している部品特性の違いである。図表2-4で示したように，日本のサプライヤーは20社中19社が機能部品の加工，生産に関わっている。いうまでもなく，自動車の基本機能である「走る，曲がる，止まる」に関わる機能部品のほうが一般部品よりも精密な技術が必要となり，品質保証についてもより厳格な水準が求められる。日本の自動車産業では，長年の歴史のなかで競争と淘汰の過程が繰り返され，今日では機能部品の生産を顧客から任される能力のあるローカル2次サプライヤーが中心に生き残ったと考えられる。

一方で，タイや中国では，7割から8割のローカル2次サプライヤーが一般部品の加工，生産を行っている。この背景には，両国とも日本と比べると自動車産業は発展途上にあるため，サプライヤー間の淘汰のプロセスも日本ほどは進んでいない点が指摘できる。一般部品の工程設計や製品設計は，顧客がイニシアティブを把握している場合が多く，2次サプライヤーがさほどの設計能力を有していなくとも，一般部品の生産には対応できる。自動車産業が発展途上の成長段階においては，比較的能力の低いサプライヤーでも，一般部品を生産することで生き残ることができると考えられる。

(4) エクセレントサプライヤーの抽出

最後に，各国の標本の中からエクセレントサプライヤーを抽出してみよう。前掲の図表2-6，図表2-7，図表2-8に立ち返り，全能力平均の点数の高い順に上位三社を抽出してみると，日本では，J5（F），J8（F）（ともに100点），J7（F）（94点）が抽出される。タイでは，T8（F），T11（G），T14（G）（いずれも78点）が抽出される。中国では，C14（G）（83点），C15（G），C18（G）（ともに75点）が抽出される。

特にエクセレントサプライヤーとして選ばれたタイや中国のローカル2次サプライヤーは，それぞれの国の全般的傾向とは異なり，個別に高いパフォーマンスをみせたサプライヤーである。発注者である1次サプライヤーは，数多くある2次サプライヤーの中からこのようなエクセレントサプライヤーを選別して取引することが重要となってこよう。続く第3章からは，ここで選んだエクセレントサプライヤーに焦点をあてて，ケーススタディを展開していく。そこでは，エクセレントサプライヤーがなぜ高い評価を得られたのかを分析するとともに，彼らがどのようにして能力構築を行っているのか，特に各設計能力における成長の壁を乗り越えたキーポイントを明らかにしていきたい。

具体的には，まず各国の事業環境とサプライチェーンの概況を説明する。つづいて，本章で行った比較分析をあらためて，各国の視点から振り返る。最後にエクセレントサプライヤーを3社ずつとりあげて，彼らの事業特性や能力構築の特徴，そしてどのように「成長の壁」を克服していったかを重点的に分析していく。

【参考文献】

Kim B.Clark. And Takahiro Fujimoto (1991) *Product Development Performance- Strategy, Organization, and Management in the World Auto Industry-*, Harvard Business Press.

黒川基裕（2008）「タイ国自動車産業におけるものづくり能力の構築：承認図生産に向けたタイ系部品メーカーの対応」『国際ビジネス研究学会年報』14，pp.113-124.

黒川基裕（2015）「タイ国自動車産業の歴史的変遷―国内市場の拡大とリージョナルハブに向けての取り組み」『国際貿易と投資』27(1)，pp.57-70.

佐々木烈（2005）『日本自動車史Vol.2』三樹書房.

丸川知雄・高山勇一（2004）『グローバル競争時代の中国自動車産業』蒼蒼社.

名城鉄夫（1999）『企業間システムの創造と改善』税務経理協会.

土屋勉男（2016）「アジアのローカル・サプライヤーのイノベーション能力に関する実証的研究―タイのローカル2次サプライヤーの事例研究を通じて」『桜美林経営研究』6，pp.1-20.

（赤羽　淳）

第3章
日本のローカル2次サプライヤー

(1) 事業環境とサプライチェーン

① 事業環境の変動と課題

日本の自動車メーカーは，石油危機以降の小型車ブームを背景に米国向けの輸出を拡大し，1980年代初めに日米貿易摩擦が生起した。それを契機に日本の自動車メーカーは，米国での海外現地生産をスタートさせ，本格的な「グローバル化」が幕を開けた。その後，1990年までは，国内需要が好調でバブル景気の様相を呈する。国内販売が急増したことから国内生産も加速し，1990年には過去最高の生産台数（1,349万台）を記録することになった（図表3-1）。

ところが1990年代に入ると自動車の国内生産台数は，右肩上がりの成長トレンドが完全に転換し，長期にわたり1,000万～1,200万台の範囲で横ばいを続ける。この間，海外生産は急成長を続け，海外生産が日本の自動車産業の成長を牽引する時代を迎えることになる。2000年代後半以降，国内生産は800万台から1,000万台の範囲を上下動し，今後の成長も期待しにくい状況におかれている。一方で海外生産は，米国・欧州の先進国からスタートしASEAN，中国などでも生産が進展し，本格的なグローバル生産の時代を迎えることになった。

その背景として，90年代前半に円高，ドル安が急進し，輸出が急激に減少し，輸出から海外現地生産への転換が進んだことがあげられる。また市場別にみれば，1980年代後半から90年代は，米国の海外生産が先行的に拡大していった。また90年代の円高局面では，アジアや欧州の海外生産も拡大し，海外生産が多極的に展開される時期を迎えた。2000年代に入ると，ASEANに加えて，中国，インドなどアジア新興国での海外生産が急拡大した。それらの国では，国民所得が増加する中で中間所得層の台頭を背景としたモータリゼーションが起こり，自動車の本格普及が始まっていた。日本の自動車産業では，国内生産をベースに，海外生産が累積的に上積みされ，海外生産が国内生産を上回る時代を迎えることになった。

とりわけ2008年に米国で生起した金融危機（リーマンショック）を引き金

図表3-1：日本の自動車産業の成長と構造転換

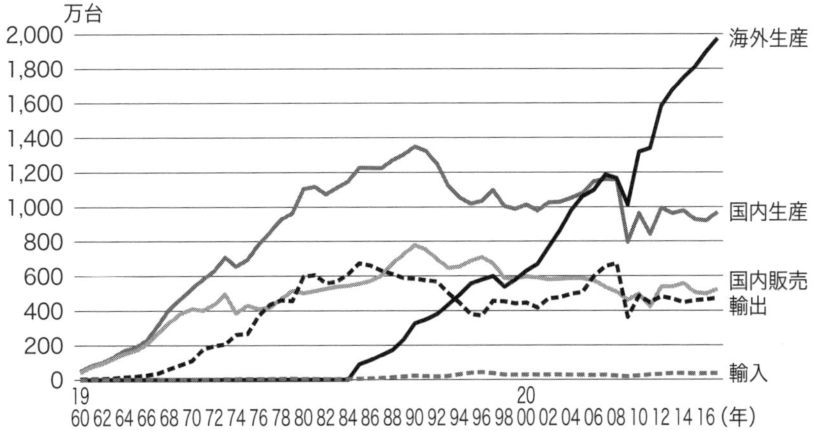

出所：日本自動車工業会，日本自動車販売連合会，日本自動車輸入組合の統計をもとに筆者作成。

に先進国不況が発生したことから，先進国からアジア新興国に向けて「成長ベクトル」の転換が発生した（土屋・大鹿・井上，2010）。日本の自動車産業はドル箱市場の米国に，今後の成長市場である中国，インド，ASEANなどの新興国市場が加わり，新たな局面を迎えることになった。

② 自動車の生産とサプライチェーン

サプライチェーンとは，供給連鎖のことである。自動車の生産においては，自動車メーカーが最終組み立てを担当する一方，部品，材料等は多くのサプライヤーから購入しており，外部からの購入部材費は売上高の70％近くを占めている。したがって自動車のQCD（品質・コスト・納期）を高めるためには，効率の良いサプライチェーンを構築することが重要である。

日本の自動車のサプライチェーンをみると，トヨタ生産方式に代表される系列部品グループを組織し，メーカーとサプライヤーが連携して部品の開発，設計，生産活動を共同で分業しており，効率の良い生産システムが構築されている[1]。

日本の自動車産業の取引関係をみれば，「系列」に代表される長期継続取引が構築されている。その背景には，擦り合わせ型のアーキテクチャをもつ自動車の開発・生産では自動車メーカーとサプライヤーが連携して工程設計や製品設計の能力構築を遂行するメリットが働くからである（藤本，2004）。たとえば製品開発・設計においては，自動車メーカーは1次サプライヤーの製品設計能力を活用して，コラボレート型オープン・イノベーションが展開され，効率の良い共同開発が遂行されている（Blaxill and Eckardt，2009）。一方でサプライヤーは，自動車メーカーの取引ニーズに対応する中で，浅沼の言う関係的技能を媒介に，貸与図から承認図に向けてものづくり能力の構築，飛躍を実現しているのである（浅沼，1997）。

③ サプライチェーンの構造変動

自動車のサプライチェーンでは，部品点数が約3 万点にもおよぶことから，自動車メーカーを頂点にして，1次サプライヤー，2次サプライヤー，及び3次，4次と続くピラミッド型の取引関係が形成されてきた。1990年代以降グローバル化が進み，国内市場が成熟化する中で，2次サプライヤーの中でも，自動車メーカーのグローバル化に積極的に対応し，進出地域を絞って海外に進出する企業とそれ以外に2極分化する傾向が出ている。

今回，日本のローカル2次サプライヤーを20社ほど訪問調査したが，多くの企業は中国，タイなどのアジア地域に進出していた。中には後にとりあげる山本製作所のように，米国に進出した企業もみられ，日本では成長戦略としてグローバル化を追求している2次サプライヤーが多い点は注目すべきであろう。

また日本国内では，サプライチェーンの構造が大きく変動してきている点にも留意すべきであろう。この点は，2011年3月に起こった東日本大震災の際に，

---

(1) トヨタ生産システムは，注文生産をベースに，カンバン，ジャストインタイム，自働化などをミックスし，効率の良い「リーン生産方式」がとられている。

図らずも明らかになったことでもある。東日本大震災では，関東や東北地域の自動車メーカー，サプライヤーの集積地が大きなダメージを受け，生産の再開には時間がかかった。とくに自動車生産の完全復旧には，予想を超える遅れが発生した。トヨタ自動車の場合は，宮城県のセントラル自動車を中心に小型車の工場が東北地域に集中している。長期間生産がストップしたが，系列グループを挙げて生産復旧に努め，2011年7月には国内工場が正常レベルに復帰し，9月ごろに海外を含む全生産拠点が正常化状態に戻ったと言われている(2)。

東日本大震災によるサプライチェーンの寸断によって，明らかになった点がある。それは，代替の利かない少数の企業，工場の部品が被災にあった影響が大きかったことである。たとえば車載用半導体は，茨城県のルネサスエレクトロニクスの那珂工場が供給拠点になっていたが，これが被災した影響は日本国内だけに止まらず，世界の自動車工場を長期間止める原因となった。

車載用半導体は集中度の高い部品の代表であるが，エンジン，トランスミッション，アクセル，ブレーキなどに使われる重要「機能部品」の生産においても類似の傾向はみられる。今回訪問した20社のローカル2次サプライヤーは，トヨタ系列以外に多くの自動車メーカーと取引をしている。また難易度の高い特定の加工分野に特化し，高いシェアを獲得しているのである。生産効率を上げるため特殊な工法を開発し，大規模な設備投資を行い，系列を超えて多くの自動車メーカーに供給する強みを構築している企業もみられる。

2000年代に入り，国内市場が成熟化し，グローバル化が進む中で，合理化，省力化投資，専用機械の開発により差別化したものづくり能力を構築し，QCD（品質・コスト・納期）の面で優れたものづくり優良サプライヤーが誕生し，それらの企業に取引が集中する傾向が進んでいるのである。

国内市場の成熟化やグローバル化の進展に対応できるローカル2次サプライヤーとそれ以外で2極分化の傾向も出ている。また日産自動車の系列廃止，ル

---

(2)　トヨタ自動車「75年史」ウェブサイト https://www.toyota.co.jp/jpn/company/history/75years/text/leaping_forward_as_a_global_corporation/chapter5/section5/item1.html（2018年4月19日アクセス）

図表3-2：サプライチェーンの変動

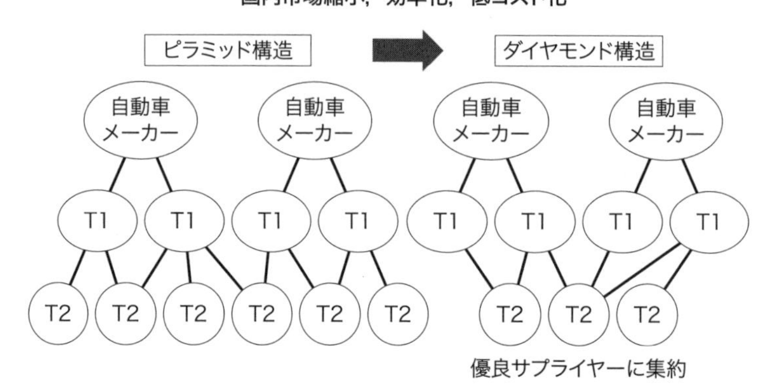

出所：日本自動車部品工業会（2013）より筆者作成。

ノーとの連携によるグローバル調達方式への転換の影響は，サプライヤーの2極分化の傾向を加速させている。取引環境の激動の中でグローバル化や国内での先行投資を積極的に行い，系列を超えて高いシェアを獲得する企業が出ていることは，20社のインタビューからも証明されている。

また，日本型サプライチェーンは，最近では自動車メーカーを頂点とするピラミッド型から，2次以下の中で一部の優良サプライヤーに取引が集中する「ダイヤモンド型」の構造に変化したといわれている（経済産業省，2011）。図表3-2は，その構造変化を示したものである。

(2) 日本のローカル2次サプライヤーの特性

① ものづくり指向の成長戦略ベクトル

アジアのローカル2次サプライヤーの能力構築の特性は，すでに第2章で概観したが，ここでは改めて日本に注目してその特性を整理してみたい。

まず，日本のローカル2次サプライヤーは，タイ，中国に比べてものづくり能力（工程設計能力，製品設計能力）の能力構築が進んでいる。また，製品設計では「承認図の壁（製品設計能力④以上：図表1-3参照）」を越えた企業が三カ国のなかではもっとも多く，工程設計では「複数工程間のシステム設計の壁（工程設計能力（6）：図表1-2参照）」を乗り越えた企業も相対的に多いことが，ものづくり能力の高さを証明している。

2次サプライヤーの能力分布をみると，工程設計能力と製品設計能力との間には明確な相関関係が読み取れる。日本のローカル2次サプライヤーも例外ではなく，工程設計能力の評点が高いサプライヤーは製品設計能力の評点も高くなっている。

次に製品設計能力をみれば，日本のローカル2次サプライヤーは，承認図の部品を手掛けている企業が多い。一般に承認図方式の取引を手掛けることが，1次サプライヤーへの移行の条件となるが，その面での能力構築は相当程度進んでいるといえよう。つづく（3）でエクセレントサプライヤー3社（多賀製作所：J5，山本製作所：J7，豊島製作所：J8）を紹介するが，いずれも工程設計能力や製品設計能力の「壁」を越えて高いものづくり能力を構築した企業である。

さらに日本のローカル2次サプライヤーは，自動車メーカーと共に工程設計能力や製品設計能力を段階的に磨き上げる指向をもち，「ものづくり指向」型の能力構築，進化経路を示している。日本のサプライヤーは，1次，2次を問わず「ものづくり指向」の能力構築を目指す傾向が強く，タイのドメイン指向型とは対照的である。

② 工程設計能力・製品設計能力の進化経路

1）工程設計能力と設備技術の関連

工程設計能力のステップアップに関連して，設備技術の重要性を見ておきたい。2次サプライヤーの優劣を決める要因として，生産工場や設備への思いきった先行投資の有効性が指摘できる。今回インタビューしたエクセレントサプライヤーが数々の危機を乗り越えて成長した要因として，工場や設備への思い切った先行投資が挙げられる。

たとえば，山本製作所は，ファインブランキングプレス（FB）で「グローバル5」を目指している企業であるが，国内では山形工場，恵那工場の先行投資や関連設備の導入が新たな取引先を開拓するうえで重要な意味をもった。それに加えて，米国ケンタッキーの合弁工場やファインブランキング用設備への先行投資が同社の持続的成長を支えている。

一方で，豊島製作所は冷間鍛造の会社であるが，もともとたずさわっていたエレクトロニクス分野から，「事業転換」を経験した会社である。同社は，自動車用プレスに集中するため，関東最大のプレス機械を導入し，自動車プレス専業としての位置づけを明確にした。また多賀製作所は，自動車用精密ばねの製造会社であるが，グローバル事業に活路を見出してからは，中国，タイの工場建設，設備への先行投資を，リスクを賭して断行している。2次サプライヤーにとっては，当時としては大きな賭けであった。

ここで強調したいのは，工程設計能力の向上に当たっては，新工場の建設と共に，機械設備，治工具，検査機器の開発や専用機の開発，ライン化などが重要な役割を担っていることである。機械設備は，最新の高額な機械だけでなく，中古機械を改良し，搬送装置を組み合わせ効率の良い「専用機」をつくることも重要なのである。

2次サプライヤーの役割としては，エンジン，トランスミッション，アクセル，ブレーキのような「機能部品」を大量に加工する量産技術が求められているが，最近では顧客の生産変動に応じたフレキシブルな生産技術も同時に求められている。

量産化に向けて生産ラインが立ち上がってからは，製造装置・治工具・型の開発，専用機の開発，検査機器の開発，自動化・無人化の投資（ロボット化）などを通じて，生産性の向上を持続的に追求する設備技術が重要である。とりわけ日本は，単なる量産型の設備機械だけでなく，フレキシビリィティの技術も併せ持っていることが強みである。また既存の中古機械を改良して，専用機化する能力も備えている。それらの設備技術は，工程設計能力の壁を克服するための重要な要因でもある。

2) 貸与図から承認図への移行可能性

次に日本のローカル2次サプライヤーの工程設計能力と製品設計能力の特徴を見てみよう。両者の間に相関関係があるということは，工程設計能力と製品設計能力の間に技術的な相乗効果があるということを示している。とくに製品設計能力においては「承認図の壁」が存在するが，インタビュー調査では日本のローカル2次サプライヤーの多くは，工程設計能力を究極的に高めていくことを通じて，承認図の壁の突破をはかっている。日本の工程設計能力を極める指向は，1次サプライヤーへの移行やドメインの多角化においても威力を発揮する。

日本のローカル2次サプライヤーは，QCDの改善を目標に，工程設計能力の段階的な強化に集中してきた。自動車メーカー，1次サプライヤーのニーズが出発点であるが，それを受けて関係的技能を蓄積し，2次としての能力構築を進めてきた。

自動車業界では，工程設計や製品設計の能力開発に関連して，VA/VE活動が活発であり，取引先の求める機能や品質の向上を目指した提案活動がきめ細かく展開されている。自動車業界のVA/VE活動は，「最小のコストで最大の機能を引き出すため，図面や仕様書の変更，製造方法の能率化，発注先の変更などを行い，コストを低減する組織的な活動」[(3)]である。工程設計面が中心であるが，製品設計の変更につながる場合もあり，取引先とサプライヤーが連携して継続的に展開している活動である。自動車業界では原価低減活動はもっとも重要な目標であり，継続的に原価改善効果（レント）が生まれると，取引先とサプライヤーは双方でその成果（レント）を分け合う仕組みが定着している。

このVA/VE活動は，取引先とサプライヤーが進める工程面での共同開発・設計，生産面での合理化・省力化活動に関連しているが，サプライヤーの提案活動は，承認図方式へ移行するための関係的技能の構成要素としても重要である。

---

(3)　トヨタ自動車「75年史」ウェブサイト https://www.toyota.co.jp/jpn/company/history/75years/data/automotive_business/products_technology/research/cost/details.html（2018年4月14日アクセス）

事例研究対象の2次サプライヤーでは工程設計面からのVA/VE活動が行われるが，それが製品設計面の変更に結び付く事例も出ている。一方で量産移行後，生産量がまとまってくると，取引先（1次サプライヤー）に取り込まれる事例も出ている。貸与図中心の2次サプライヤーが承認図方式の能力構築に成功したとしても1次の地位を獲得できるかどうかは別問題であり，1次・2次の境界では競合関係が生じている(4)。他方で取引先に取り込まれるリスクを恐れ，貸与図プロジェクトに専念している企業には，承認図方式への移行のチャンスは訪れないことになる。

(3) 日本のエクセレントサプライヤーの事例研究

① 株式会社多賀製作所（J5）

〈マルチフォーミングマシンを活用した複雑形状の成型加工に特徴，設計・金型製作・プレス・熱処理・研磨の一貫生産に強み〉

工程設計能力：(6)　製品設計能力：⑥　ドメイン設計能力：3)

1）多賀製作所の概要

図表3-3：多賀製作所の会社概要

本社	埼玉県上尾市領家山下1152-25
設立	創業：1952年　設立：1958年
資本金	4,507万円
経営者	代表取締役社長：多賀正展
売上高	35億円（単体28億円），1人当たり売上高国内1,931万円（海外含823万円）
従業員数	425名（単体145名）
主要製品	コイリング製品，プレス部品，フォーミング製品
主要な取引先	アイシン精機，曙ブレーキ工業，アドヴィックス，日信工業，日立アプライアンス，日立オートモティブシステムズ，BOSH他
事業内容	自動車部品製造（金属ばね全般：コイリング製品，プレス製品，フォーミング製品），金型設計製作，空調・冷凍機用部品製造・組付他
海外展開	生産工場：中国・天津（200名），タイ（80名）　物流拠点：シンガポール

出所：同社ホームページおよびインタビュー（2015年2月8日）より筆者作成。

多賀製作所は，埼玉県上尾市に本社工場をもつ自動車ブレーキ用精密ばねで国内トップクラスのシェアの会社である。複雑形状に対応力のある独自のマルチフォーミングマシン（MFM）と呼ばれる汎用機を活用し，効率の良い成型加工方法を提案している。

同社は，1952年に多賀正展社長の伯父に当たる現会長の多賀秀太郎氏が浦和市別所にばねの会社を創業しスタートをきった。秀太郎氏は，ばね製造会社に勤務していたが，そこでは自分のやりたいことができないと独立したことが始まりである。最初は，日立のエアコン，冷蔵庫等のばね部品を製造していた。その後，1970年代に入ると白物家電の製造がアジアへ移転を始めたことから，自動車部品にシフトしていった。

当初は場所がら，日産系列の部品会社との取引が多く，トキコ（現日立オートモティブシステムズ）や自動車機器（現ボッシュブレーキシステム）との取引からスタートした。その後は取引先を拡大し，自動車ブレーキ用ばねを製造する会社としての地位を確立し，成長していった（ぶぎん地域経済研究所，2011)。そして現在は前述したように自動車ブレーキ用精密ばねで高いシェアをもち，日産，トヨタ，ホンダなど系列の枠を超えて多くの企業に納入している。

自動車ブレーキ用ばねの生産は，構造が複雑なフォーミング加工の場合，専用機を並べて大量生産するのが一般的である。ただ同社の場合は，工場の敷地や設備を並べるスペースが限られていたため，段取り替え技術が発達し，金型を放射線状に配置したマルチフォーミングマシンによる加工を積極的に推進してきた。多様なニーズに対応する中で複雑形状を効率よく加工する生産方法が生み出され，独自の強みとなってきたのである（ぶぎん地域経済研究所，2011)。

現在は創業地の浦和工場が手狭になったことから，上尾工場を追加し，その

---

(4)　たとえばプレス・機械加工が必要な部品加工をファインブランキングで効率よく一括加工する工程開発に成功し注文を取るが，生産規模が大きな部品では取引先（1次）が設備投資し，内製化してしまうケースも出てくる。

後生産拠点を統合した。また上尾に本社工場を移し，第2工場，第3工場を開設し，3工場による効率の良い生産体制を構築している。

2001年に現社長の多賀正展氏は伯父の会社に入社し，2002年には同社の代表取締役に就任している。正展氏は，父親の仕事の関連で，幼少時代インドネシアで過ごす。大学を出て，アイシン精機に入社し，29歳の時に退社し，多賀製作所に入社，翌年には社長に就任することになった。

同社はもともと地域的な関係で日産系列との取引が多かったが，正展氏が入社した2001年頃は，カルロス・ゴーン氏のもとで日産がルノーと連携して脱系列，グローバル調達を掲げ，「日産リバイバルプラン」を断行している局面であった。これは多賀製作所の業績に大きな影響を及ぼし，売り上げは40％減，創業以来最終赤字転落という危機的状況となった。正展氏は，日産系を超えて多くの取引先を開拓し，顧客拡大による成長を指向していく。これまでの取引先はもちろんのこと，曙ブレーキや日信工業，出身企業であるアイシン精機など，系列以外や地域外の取引先を積極的に開拓していく。また国内は系列取引の壁があるため，海外取引にも挑戦し，現在では中国の天津工場，タイのアユタヤ工場（現在はプラチンブリ工場）の二つの生産工場を建設し，アジア・グローバル化に対応できる供給体制を整え，持続的成長の足固めを行ってきた。

2) 多賀製作所の事業特性

自動車用ばねは，1台当たり2,000～3,000個あると言われ，エンジン，サスペンション，ブレーキなどの機能部品には多くのばねが使われている。ばねの種類にはコイルばね，板ばね，渦巻きばねなどがある。自動車用ばねの業界は，日本発条，中央発條，三菱製鋼など大手の部品会社も参入しているが，多くは中小企業が重要な役割を担っており，150社程度が参入し多様なばねを開発・生産している。

多賀製作所は，年商35億円の自動車用「ばねの総合サプライヤー」であり，あらゆるばね製品を開発・製造加工する能力をもっている。とくにブレーキ用精密ばねには強みをもっており，同社のばねの売上構成は，コイリング製品が30%，プレス製品が30%，フォーミング製品が40%の割合となっている。

3) 多賀製作所の工程・製品・ドメイン設計能力

●工程設計能力

多賀製作所は，工程設計能力の構築，改善に強みをもっており，中でも複数の精密金型を放射線状に配置したマルチフォーミングマシンによる成型加工に特徴をもつ。またマルチフォーミングマシンを最大限に活用するため，「設計・金型製作，プレス，熱処理，研磨」までの一貫生産のものづくり技術を企業内で蓄積してきた強みもあげられる。多賀製作所の工程設計能力の特徴をまとめれば，以下の点があげられる。

まず，変種変量即応生産体制である。自動車ばね業界の主流は，専用機による大量生産が基本である。一方で同社のマルチフォーミングマシンは，変種変量即応型の生産システムと位置付けられよう。正展社長は，アイシン精機時代に幅広く仕入先の様子を見学する機会があったが，多賀製作所のフォーミング技術の独自性を認識することができ，その特徴を生かすことが強みにつながると考えてきた。

つぎに，材料ロスの低減である。板ばね材料のステンレスは，ニッケルなど希少金属を含む高価なものであり，加工の際にスクラップを少なくすることがコスト削減に貢献する。マルチフォーミングマシンは，専用機を使った大量生産の方式に比べて，材料の利用効率を高める工夫を盛り込むことができる。たとえば，板バネの加工プロセスでは，「コイル材（帯状のステンレス板）～マルチフォーミングマシン（汎用機）～自社加工の金型の装着～マルチフォーミング加工」となる。汎用機を使い，製品ごとに段取り替えして対応することになるが，その際にきめ細かい工夫により段取り替えのスピード，加工精度，加工ロスの低減などを持続的に追求することができ，多くの顧客にも評価されてきた。

●製品設計能力

多賀製作所は，自動車のブレーキ用ばねの加工がメインであり，アイシン精機，曙ブレーキ，アドヴィックスなどブレーキ製品の1次サプライヤーに加工部品を納める2次サプライヤーの立場にある。図面は1次サプライヤーから貸与図を提供され，図面をもとに独自の機械を導入し，1次サプライヤーの求めるニーズに合わせてQCDを磨き上げていく。一般に自動車業界では自動車メーカーと直接取引きする1次サプライヤー，1次サプライヤーにおさめる2次サプライヤー，という階層性が明確であり，自動車部品の枠内ではそのルールを超えた取引は成立しにくい。

しかし一方で二輪車，建機，電機製品など，業界の垣根を超えれば，実力があれば1次サプライヤーとして完成品メーカーと直接取引する事例は多く，同社もその例にもれない。その際には工程設計能力だけでなく製品設計能力を求められるケースが一般的で，1次サプライヤーとして共同開発，提案が求められることになる。同社の場合は，ブレーキ部品メーカーの2次サプライヤーであるが，自動車以外の空調・冷凍機部品では1次サプライヤーとして，製品メーカーと直接取引を行っている。そこでは空調・冷凍機の部品の工程設計能力，製品設計能力を同時に求められるし，また特定部品のユニット組立能力を備えているのである。

●ドメイン設計能力

多賀製作所のドメイン設計能力は，業界の多角化と事業のグローバル化を通じて進化してきた。同社の成長の歴史をみれば，当初はエアコン，冷蔵庫など白物家電のばね部品が中心であったが，家電メーカーの生産がアジアに移転する中で，自動車用ばね部品に用途を拡大してきた。また，日産自動車系のブレーキ用ばねの市場を開拓し，成長の足掛かりを作るが，日産自動車のゴーンショックを契機に，顧客の多角化戦略により，国内での成長に挑戦してきた。日産以外のトヨタ，ホンダ系のブレーキ部品会社にも顧客を広げ，ブレーキ用精密ばねでは，高いシェアを獲得し同社の知名度を高めてきた。

一方で2000年代に入ると，自動車は国内市場が成熟化し，また自動車の生産が国内から海外現地生産に移行する中で，国内自動車用ばねの成長にも限界が出てきた。多賀正展社長は，入社前から海外勤務を指向し，グローバル化にもこだわってきた。

多賀製作所は，現在中国の天津とタイのプラチンブリ県に2つの工場をもち，中小の2次サプライヤーとしては「アジアを中心としたグローバル化」が進んだ企業といえるであろう。

多賀正展社長は，2001年にアイシン精機をやめて同社に入社すると，鞄一つもって中国で営業を開始する。同社にはマルチフォーミングマシンを使った精密ばねの製造においては，他社にない特殊な機械と技術がある。これを売り込めば必ず成功するとの信念をもって，社長になって2年後の2004年には，中国の天津に会社を設立し，生産をスタートしている。

中国の会社は，同社が74％，台湾が26％出資しており，従業員数は現在200名と日本とほぼ同規模である。そのうち日本人は1名で，人材の現地化も進んでいる。実質上のトップは現地人の副総経理であるが，副総経理とは日本で出会い，同社をよく理解した人材を抜擢した。現地顧客の開拓も順調で設立後3年目で黒字となっている。

中国の特徴は，ものづくり能力が日本に次いで高く，中国の現地機械，現地材料を活用すればするほど「低コスト化」が可能である。たとえば，設備などは日本の3分の1から10分の1程度の値段で，あらゆる種類を調達することができる。その反面，安価であるが粗悪な機械もあるので，それらを創意工夫で補い最大限の活用を行う。材料は，顧客の指定によるが，日本材，台湾材，中国材を活用しており，「中国コスト」を有効活用すれば早期の収益化が可能である。中国の利益は，現地への再投資を考えているという。

多賀製作所は，日本，中国（天津）に続き，タイへも進出している。日本，中国の二本足より三本足の方が，世界市場の変動に対する適応力が高まるからである。とくに同社の場合はメーカー系列に属しておらず，取引の安定のために日本を中核にアジアの「三つの工場」をもつことは，多賀正展社長の基本構想であったという。三つの工場をもてば，持続的成長に向けて安定性も高まるとの判断で，ASEANやインド，ブラジル，ロシアなど多くの新興国の中から選択した。タイに日本メーカーやサプライヤーが集中し，ブレーキばねの技術で名前が通っていることから，タイへの進出を決定するのに時間はかからなかった。

2011年にはタイのアユタヤ県に会社を設立し，生産開始の準備をはじめた。工場の創業間もなく，タイの大洪水に見舞われたが，現在では成型関連では順送プレス33台，マルチフォーミングマシン3台，CNC(5) コイリングマシン・CNCワイヤーフォーミングマシンがそれぞれ1台，洗浄機，電気炉4台を導入し，従業員も80名を抱えている。

日本，中国，タイの3工場は，基本的に同じような開発，製造工程をもち，明確な分業関係が構築されているわけでない。日本本社は主として技術開発，金型製作を担当し，アジアの現地工場がブレーキ用のばねの生産を担当している。会社によっては，日本は研究開発に特化する企業もあるが，同社の場合は各国とも開発，生産まですべてやることを基本としている。

4) 多賀製作所の能力構築―「壁」の克服方法と進化の方向性

多賀製作所の能力構築の特性は以下の3つの点に集約される。

●マルチフォーミングマシンによる柔軟な生産体制（工程設計能力）

同社のものづくり能力の源泉は，3）でも述べたように独自の工程設計能力の蓄積にあるといえよう。主力部品はブレーキを中心に自動車部品の金属ばね全般（コイリング製品，プレス製品，フォーミング製品）であるが，そこではマルチフォーミングマシンによる効率の良い変種変量即応生産体制が構築されている。また設計・金型製作，プレス，熱処理，研磨までの一貫生産を構築し

(5) CNCとはComputer Numetriacal Controlの略であり，コンピュータによる数値制御を意味する。

ていることは差別化した強みであり，工程設計の全体最適化を実現するのに貢献している。主要な取引先は，国内，海外の有力な自動車ブレーキ部品大手（1次サプライヤー）となっており，貸与図方式を基本とする2次サプライヤーとしての取引が中心である。

自動車部品分野における同社の強みは，あらゆる複雑加工・精密加工，多品種少量ニーズにも対応できる工程設計能力上の強みということができる。マルチフォーミングマシンを活用し，効率の良い装置金型を自社設計・内製化する能力を組み合わせ，状況の変化にも即応できるフレキシブルな生産体制を構築しているともいえよう。

●二輪車・産業機械等では承認図方式による技術提案型営業（製品設計能力）

自動車業界は前述したように自動車メーカー，1次サプライヤー，2次サプライヤー，という階層性が明確であり，自動車部品の枠内ではそのルールを超えた取引は成立しにくい。一方で業界の垣根を超えれば，実力があれば1次サプライヤーとして完成品メーカーと直接取引する事例は多い。1次サプライヤーには承認図に対応できる設計面での共同開発，提案力が求められるが，多賀製作所はその役割も果たしてきた。

たとえば，空調・冷凍機部品では1次サプライヤーとして，製品メーカーと直接取引を行っている。また空調・冷凍機のユニット部品の設計及び製造・組付など，承認図方式で取引している部品も多い。

こうした工程設計能力，製品設計能力は，取引先を広げ，深めていけば能力構築が可能となる。多賀製作所は，マルチフォーミングマシンを中心に「設計・金型製作，プレス，熱処理，研磨」のあらゆる工程を内製化しているため，顧客のニーズにきめ細かく対応する手段を多くもっており，適切な組み合わせにより解決策を提案できる。とりわけ精密金型の設計加工能力は同社の最大の強みであり，また各工程を内製化していることにより，迅速にVA/VE提案を行うことができる。

● グローバル化（ドメイン設計能力）

日本の自動車部品の2次サプライヤーは，下請け賃加工から脱皮し，持続可能な成長戦略を追求する際に，国内市場で製品多角化するか，グローバル化を通じた地域多角化によりドメインを広げるか，2つの方向がある。今回，20社のインタビュー調査をふまえる限り，従来の見解とは異なり，日本の2次サプライヤーは，現有事業，現有工程における能力構築の指向が強く，国内を中心にドメイン多角化で成長を目指す傾向は少ないことがわかった。むしろ自動車メーカーのグローバル化に合わせ，アジアや欧米で現地生産し，規模の拡大をはかる企業の方が一般的である。それと共に自動車の工程面で多角化をはかる企業もみられる。多賀製作所は，そうした2次サプライヤーの最たる事例といえよう。同社は，中国，タイに海外工場を建設しており，2次サプライヤーとしてみれば，アジアを中心としたグローバル化で先行している。

以上の結果を工程設計・製品設計・ドメイン設計の3軸で見ればより明確になる。まず主力部品の自動車用ブレーキ用ばねでは，「同一加工・部品の量の拡大，取引先の多角化」のもとで工程設計能力の構築，進化を徹底追及する。その後「自社製品・承認図」に向かわず国内は「下請け加工・貸与図」で取引先の多角化を指向すると共に，海外を中心に成長戦略を追求する事例である。

一方で，自動車分野を超えて類似機能をもつ製品に多角化していく。多賀製作所の場合，二輪車，建機，産業車両など自動車と類似の機能をもつ周辺領域を開拓することが基本になっている。具体的にいえば，電機部品（空調・冷凍機部品）では，製品メーカーとの直接取引，特定部品の製造・組付を担当し，1次サプライヤーとしての役割を担っている。また二輪車，建機，産業車両などでもメーカーとの直接取引を行っている。

国内市場は成熟しているため，持続的成長を目指すためにはグローバル成長を追求する方向が基本となる。同社の中国，タイへの進出は，収益も好調であり，もっとも有望な事業領域であろう。また海外の取引では，国内ほどの系列取引関係もなく，従来と異なる取引関係，新たな部品加工への進出の可能性も

あり，新たなドメイン開発の可能性も出てくると思われる[(6)]。

② 株式会社山本製作所（J7）

〈クラッチ・ブレーキ部品のファインブランキング加工に強み，米国工場に進出しファインブランキングでグローバルトップ5を目指す〉

工程設計能力：(6)　製品設計能力：⑤　ドメイン設計能力：3)

1）山本製作所の概要

図表3-4：山本製作所の会社概要

本社	埼玉県東松山市新郷88-26
設立	1967年9月
資本金	9,800万円
経営者	代表取締役社長：大森義勝
売上高	197億円（連結・2015年度，単体124億円）， 1人当たり売上高国内3,542万円（海外含2,888万円）
従業員数	682名（国内350名，海外332名）
主要製品	クラッチプレート，ブレーキパッド（ディスクブレーキ用），シートリクライニング，イグソースマニホールドなど
主要な取引先	曙ブレーキ，アイシン化工，日清紡，日立化成，アドビクスなど
事業内容	精密自動プレス加工，ファインブランキングプレス加工，各種精密金型販売
海外展開	米国現地法人の設立（ケンタッキー工場）

出所：同社ホームページおよびインタビュー（2016年2月23日）より筆者作成。

山本製作所は，ファインブランキング（FB：厚板の精密打ち抜き加工技術）を得意とするプレス加工企業である。同社は，自社の精密厚板プレスの技術を生かし，顧客に代替工法を積極的に提案し，加工精度と効率性を両立させた提案営業をもとに事業領域を広げ，高い成長率を持続させてきた（中小企業庁，2012）。2007年には中小企業庁「元気なモノづくり中小企業300社」に選定されている「ものづくり優良企業」である。

(6)　サプライヤーのグローバル化は，自動車メーカーのグローバル化が進み，サプライヤーの能力構築が進んだ日本独特の指向であり，中国，タイのサプライヤーとの違いでもある。

同社の主力製品は，自動車の機能部品であるクラッチプレート，ブレーキパッド（ディスクブレーキ用），シートリクライニング，イグゾースマニホールドの4つである。ファインブランキングでは国内No.1，グローバルにみてもトップ5を目指している。日本国内に4工場，米国にも製造拠点をもち，2次サプライヤーの中ではグローバル化が進んでいる。

主要な取引先は，曙ブレーキ，アイシン化工，日清紡，日立化成，アドビクスなどブレーキ，クラッチ，エンジン系の1次サプライヤーが中心である。

同社の事業は，精密自動プレス加工，ファインブランキングプレス加工，各種精密金型の製造販売を主たる事業としており，売上高は2015年度の単体124億円，連結197億円，従業員数は682名となっており，中堅企業に位置づけられる。従業員数のうち国内が350名，海外が332名となっており，グローバル化も進んでいる。海外の従業員数は，1996年に米国に設立した現地法人の従業員であり，日本と同等品質の製品を供給できるレベルまで人財が成長している。

同社は，2次サプライヤーとしては同業社の技術力を上回っている存在である。その背景には，いち早くスイスからファインブランキング技術を導入したこと，国内，海外工場への投資決断などがあった。

同社の歴史は，先代社長の山本勝弘氏が1967年9月に有限会社山本製作所を創業したことからスタートする。山本社長は金型の技術者であり，次の事例研究で紹介する「豊島製作所」に勤務し，建屋の一部を借りて会社を設立した経緯をもつ。同社は埼玉県東松山に本社工場を設立し，当初は精密自動プレス金型を中心とした「設計製作」会社としてスタートした。その後，自動プレス工場を建設し，プレス加工会社として成長，発展してきた。1979年にはファインブランキング金型を開発し，スイスのエッサ製のファインブランキングプレス機（250トン）を導入し，新しいプレス加工の分野に取り組んでいった。

1994年に本社工場とは別に，ファインブランキング部品加工と金型設計・加工の専用工場として山形工場を建設している。同工場は，主として曙ブレーキ向けの工場であるが，1996年には本社第2工場がスタートし，自動車用ディスクブレーキパッドを主体に現在では月産200万個を生産している。同工場の建設は，トヨタ系のブレーキ・メーカーとの取引の開拓の契機にもなっている。

1996年には，米国のケンタッキーに合弁会社を設立し，本格的なグローバル生産がスタートしている。同工場は現在では，ブレーキパッドを中心に月産730万個を生産している。2001年にはトヨタ系との本格的取引に対応するため，岐阜県の恵那工場を建設し，2015年には恵那第2工場も建設され，クラッチプレートを中心に月産1,020万個を生産する工場に成長している。国内においては山形と岐阜に東西2拠点の生産体制を構築し，系列の枠を超えて事業規模を拡大することに成功している。

なお2015年には，㈱トウチュウのグループ企業となり，大森義勝氏が社長に就任している。

2) 山本製作所の事業特性

山本製作所は，主力製品として①クラッチプレート，②ブレーキパッド(ディスクブレーキ用)，③シートリクライニング，④イグソースマニホールドを生産している。取引先は，1次サプライヤーのブレーキ会社（曙ブレーキ，アイシン化工，日清紡，アドビクスなど）であるが，取引先企業は70社を数え，曙ブレーキ，アイシン化工などの主力企業10社で売上高の80％を占めている。

同社は製品設計段階から共同開発できる「ものづくり能力」をもち，工程設計能力，製品設計能力の両面で顧客に貢献する力をもつ。取引先に自動車メーカーもおり，それらの取引ではメーカーと直接取引（1次サプライヤー）する部品もあり，試作開発から参加するケースも多い。一方で量産化以降段階的に量が増えるにしたがって1次サプライヤーに取り込まれる場合も多いという。それでも試作開発の段階から顧客と共同で開発活動を行うことを重視している。また提案営業を通じて，取引先や加工領域の多角化に取り込んできたことが，ファインブランキングのトップ企業に成長した要因であろう。

山本製作所が得意とするファインブランキングは，プレス加工の一種であるが,「精密打ち抜き加工」とも呼ばれ,スイスで機械の開発が進み,日本には1960年に紹介され,1975年頃から自動車業界での応用が始まっていった[(7)]。上述したように,同社は1979年には,ファインブランキング金型を開発し,スイス製のファインブランキングプレス機を導入している。

ファインブランキングは,せん断面の歪みのない加工が可能であり,機械加工せずに平滑な剪断面が得られるため,従来のプレス加工,機械加工を組み合わせた工法にとって代わり,生産効率の高い方法として多くの分野に採用されてきた。同社は,独自技術として「厚板精密打ち抜き技術」,「外形輪郭と穴の極小間隔打ち抜き技術」が得意であるとされ,ファインブランキングの領域では独自の強みをもっている[(8)]。

3) 山本製作所の工程・製品・ドメイン設計能力

●工程設計能力

ファインブランキングの領域を広げるためには,高精度,高剛性の「プレス金型」が重要である。同社の場合は,先代社長が精密自動プレス金型の設計製作からスタートしたので,「金型製作+精密プレス加工」の双方の領域に技術力をもっている。金型とファインブランキングプレス機の両方の技術を組み合わせて,従来の工法に対し効率の高い工法を考案し,提案営業をもとに取引先を開拓し,成長を続けてきたのである。

工程設計能力は,山本製作所がもっとも得意とする領域であり,製法面では自分たちで工程設計,試作を完結できるという。また先述したリクライナーのようにユニット部品の開発,製造の実績もあり,複数工程の最適化を実現できる工程設計能力をもち,独自に顧客のニーズに合わせて提案活動を行っている。同社は,「金型・プレス,順送プレス,ファインブランキング」など関連技術を含め,幅広く能力構築を行ってきた。

---

(7) 山本製作所インタビュー(2016年2月23日)
(8) 中小機構J-Good Techウェブサイト https://jgoodtech.jp/ja_JP/web/JC0000000002244/jpn?get-similar-corp-id=JC0000000002244(2017年4月5日アクセス)

●製品設計能力

同社の設計図は貸与図方式が中心であるが，「プレス＋機械加工」の代替工法の提案により，取引領域を広げてきた。その提案営業を通じて，製品設計能力も徐々に養ってきた。現在では製品設計能力は⑤のレベルまで進化し，自動車メーカー，1次サプライヤーに提案できる製品設計能力をもっている。

今までに設計開発まで同社が関与した部品は，30点ほどあるという。たとえば，「リクライナー部品」は鋳物と切削でつくっていた商品をファインブランキングに置きかえた同社の代表的製品である。一方で量がまとまってくると取引先（1次サプライヤー）が設備投資をして内製化する危険が常に存在することから，同社は承認図方式の取引を一部の部品に限っており，主力の取引は1次サプライヤー向け，貸与図方式の取引が中心となっている。

●ドメイン設計能力

山本製作所は，グローバル化を通じてドメインの多角化を図ってきた。先代の山本勝弘社長によれば，海外進出を本気で考え始めたのは1980年代のことであり，相当早い時期から考えていたとのことである。進出先として米国と中国のどちらにするかを検討していたという。ただ中国は進出しながら撤退した企業も多く，また技術面で学ぶことは少ないと考え，最終的に米国進出を決断したという（中小企業基盤整備機構，2004)。進出当時の1990年代は，円高が急伸し，自動車メーカーのグローバル化が急速に進んだ時期でもあった。

同社の海外進出は，1996年ケンタッキー州ルイビルに合弁工場を建設し，ブレーキパッドの生産からスタートした。大手商社と50対50の合弁会社による進出である。同社の取引先が米国に進出していることを考慮した投資でもあり，取引先の確保は順調に進んだという。2015年度現在では売上高が73億円，従業員数332名と，連結売上高197億円の37％を占めるまで成長している。

米国工場では，先述したようにブレーキパッドを中心にクラッチプレート，フランジを含め月産730万個を生産しており，日本の主力工場に匹敵する規模に成長している。2016年2月のインタビュー時点では米国市場で新車販売トップ10社中，8社に同社の米国工場のブレーキパッドプレートが採用されており，そのシェアは45％に達しているとのことである。

4）山本製作所の能力構築―「壁」の克服方法と進化の方向性

山本製作所の能力構築の特性は以下の3つの点に集約される。

● 設備機械の先行投資（工程設計能力）

同社の強みは，工程設計能力にあり，最新式の設備機械をいち早く導入してきた設備技術力にある。ファインブランキングプレスとしては，250トンから超大型の1,200トンまでの多様な加工機を国内に32台，米国に20台保有する。クラッチ，ブレーキパッド，トランスミッションなどの機能部品を日米合わせて年間2億個生産する能力をもち，国内最大級のファインブランキング加工メーカーである。

ファインブランキングは従来の「プレス＋金属加工」に代替する工法であり，ファインブランキングの導入により工程設計上でも飛躍的な進化を遂げることになる。同社の場合，ファインブランキングの工場や設備に先行投資し，工程設計能力の進化を他社よりも先取りしてきた経緯がある。具体的にいえば，1994年に完成した山形工場が飛躍のきっかけとなった投資といえよう。曙ブレーキのブレーキパッド加工向けに建設したものであり，シートベルト部品，フランジを含め，月産200万個の生産能力をもつ。同工場が建設されたことから，アイシン・グループ（アイシン化工）のクラッチ部品の納入の道が開け，日産・トヨタの系列を超えた取引拡大のきっかけとなった。

2001年には中京地域の岐阜県恵那市に恵那工場が完成し，クラッチプレートを中心に，ブレーキパッド，マニホールド・ターボ部品を加え，月産1,020万個の巨大な生産能力を確保し，系列を超えた顧客に対応できる生産体制を整えている。こうした同社の経緯は，工場や設備等への果敢な先行投資が工程設計能力の総合力をたかめ，持続的な成長を生み出す条件となった事例である。

● 金型技術の重視（製品設計能力）

同社は，ファインブランキングの技術，設備をスイスから導入して「プレス・金属加工」を代替し，多く顧客を取り込んできたが，成功要因の一つは同社のもつ「精密金型の設計能力」である。先代社長は金型の技術屋として，同社を設立した歴史があり，金型設計能力が強みの源泉の一つであった。

同社の金型部門には，設計製造40人，メンテナンス20人の人材を抱えており，ものづくり技術の中核を担っている。それらの金型技術の強みに加えて，海外からのファインブランキング技術の導入に独自の強みを付加し，最大19mmの厚板加工，3次元加工，機械加工を必要としないせん断加工など，従来の加工方法を代替する設計方法の提案営業により，新たな顧客を取り込んで成長することができた。このように同社の製品設計能力を支えているのは，プレス加工の心臓をなす金型設計技術が強いこと，装置の内製によるものづくり技術の総合力の底上げができていることである。また近年はQCDの向上を目指し，ISO9001の管理の徹底や検査の自働化などを推進している。

● グローバル化（ドメイン能力の開発）

同社は，1996年に米国での海外生産に乗り出すと共に，新たなドメイン能力の開発が指向されてきた。米国工場は，ブレーキパッドの生産からスタートし，顧客の開拓も日系からスタートするが，最近では日系以外の海外顧客の開拓も進んでいる。それと共に部品加工を多角化し，ドメイン能力を顧客面，工程面で進化させてきたのである。

同社の事業領域は，現在自動車のエンジン，ブレーキにかかわる部品加工が中心であるが，今後エコカーの割合が増えても，同社の関連部品が縮小するとは考えていないようである。顧客を乗用車だけでなくトラックに広げる，加工領域を「プレス＋機械加工＋熱処理」のように顧客対応でバリューチェーンを広げる方向を目指している。とくに海外拠点の米国での生産は，日系，米国系を問わず拡大の余地があり，有望な事業に成長してきている。

③ 株式会社豊島製作所（J8）

〈冷間鍛造の総合プレスメーカー―事業転換により新たな事業開発に挑戦〉

工程設計能力：(6)　製品設計能力：⑥　ドメイン設計能力：3)

1）豊島製作所の概要

図表3-5：豊島製作所の会社概要

本社	埼玉県東松山市下野本1414
設立	1945年5月
資本金	9,900万円
経営者	代表取締役社長：木本健太郎
売上高	42億円（うちタイ工場2億円）， 1人当たり売上高国内2,631万円（海外含2,346万円）
従業員数	179名（単体152名）
主要製品	自動車部品（ハブフォアードクラッチ，板材，丸棒線材，丸棒バー材，熱間鍛造素材），電子材料（リチウムイオン電池，太陽電池，燃料電池用）
主要な取引先	イーグル工業，三輪精機，ジヤトコ，ダイハツ工業，東プレ，豊田自動織機他
事業内容	部品事業部（冷間鍛造加工及びプレス加工（切削＋アッセンブリ）），マテリアルズシステム事業部（薄膜材料の開発・製造）
海外展開	タイ工場（2012年9月稼働，30名，冷間鍛造加工及びプレス加工）

出所：同社のホームページおよびインタビュー（2016年2月23日）より筆者作成。

豊島製作所は，1945年に現社長木本健太郎氏の祖父が豊島区に豊島航空機株式会社を設立し，戦闘機部品の製造からスタートした。1949年には現社名に改称し，1971年には埼玉県東松山市に本社を移転している。

当初はオーディオ製品のスピーカー部品（ヨーク）を製造し，スピーカー部品の専業企業として国内で90％近いシェアを獲得していた時期もあった。ところがニクソンショック（1971年），プラザ合意（1985年）を背景とした円高・ドル安の進行により，電子製品・部品の生産は日本から労賃の安い台湾やASEANに移行していった。その結果，同社の国内生産は急減し，「事業転換」により新たな用途開拓が急務になったのである。

このような転換局面で，現会長の木本大作氏が1972年に2代目に就任し，新たな事業開発や事業転換に果敢に挑戦していった。主力製品のスピーカー部品の生産が円高の進行と共に海外に移転する中で，新たな部品，顧客を開拓することが緊急課題であった。豊島製作所の強みを洗い出す中で，スピーカーのヨーク部品加工に冷間鍛造プレスを使っていることから「冷間鍛造の総合プレスメーカー」として生きていくことを決意した（東京都金属プレス工業会，1994）。同時にシンボルとして関東最大の冷間鍛造1,500トンプレスの設備を導入し，進むべき方向を明確にした。1985年のプラザ合意後の円高の局面でスピーカー部品の売り上げは激減していくが，自動車，電機，医療機器を中心に新たな顧客を開拓し，事業転換は成功したのである。

その後は，国内に残り量産効果が狙える自動車部品加工の事業開発に取り組んでいく。そのために従来の「プレス加工」に加えて，新たに「冷間鍛造の設備と技術」を積極的に導入し，自動車部品分野に果敢に挑戦していった。現在では自動車部品事業の売上高が70％強を占め，「冷間鍛造+板金プレス」技術を基本に，従来の工法では不可能とされてきた課題に次々に挑戦し，独自技術をもつ技術開発型の企業として知られるようになった。

豊島製作所は，インタビュー時点で資本金が9,900万円，従業員数が179名，売上高が42億円の自動車用プレス加工が中心の2次サプライヤーである。自動車部品の中では，機能部品に分類されるトランスミッション部品（ステップAT，CVT(9)），エンジン部品，シートベルト部品などを主たる領域とし，高強度・複雑形状の板鍛造加工に強みをもつ。

2) 豊島製作所の事業特性

豊島製作所の事業構成をみると，自動車の「部品事業部」が主力であるが，それ以外にマテリアルズシステム事業部，トイ事業部の3つの事業部から構成されている。最大の柱は売上高の6～7割を占める部品事業部であり，主要な顧客は自動車部品メーカーである。顧客としてはジャトコ，イーグル工業，ダイハツ工業，豊田自動織機など20社の有力な1次サプライヤー，自動車メー

(9)　CVT：Continuously Variable Transmission，無段変速機。

カーが取引先である。中にはダイハツ工業のオートマチックギアのように1次サプライヤーとして自動車メーカーと直接取引を行う部品もある。

マテリアルズシステム事業部は，1993年に新設され事業転換の一貫として新規参入した事業である。焼結技術による薄膜材料の製造を行っており，技術集約的な高付加価値型の事業に位置付けられよう。売上規模は，部品事業30億円，マテリアルズシステム事業部10億円であるが，収益への貢献度は大きいという。トイ事業部は，1967年プレス技術を使って育児用乗り物（ブランコなど）を自社製品として開発してきた歴史をもつ。同社は事業転換のプロセスで自社製品の開発にも挑戦したが，それらの分野は台湾や海外のコンペティターも多く，現在では生産を断念している。輸入代理店業務が中心であるが，収益のウエートは小さい（埼玉りそな産業経済振興財団，2013）。

いずれにしても同社は環境脅威の中で新たな技術，製品，事業に常に挑戦を続けてきた。「開発型」の総合プレス企業として，生産工場は日本だけでなく，タイにも展開している。自動車産業の環境変動やグローバル化にも積極対応できる企業でもある。

3) 豊島製作所の工程・製品・ドメイン設計能力

● 工程設計能力

工程設計能力面では，冷間鍛造加工及びプレス加工に強みをもつ。鋼板からの冷間鍛造，増肉成形を行うことで，溶接を廃止し一体成型により効率の良い生産を追求できる。またプレス加工，焼鈍・ボンデ加工，切削・研磨加工，アッセンブリまでの一貫加工できる能力をもつ。成型プレス工程の自動化，ライン化にも熱心に挑戦し，工程設計の全体最適化を実現している企業でもある。

同社のコア技術は「冷間鍛造+板金プレス」であるが，5つの独自技術をもとに開発した主力部品の事例は以下のとおりである。

- 板鍛造～鋼板・鍛造・板金加工（トランスファー化）～圧力容器
- 歯形成型～歯形・板鍛造（ロボットライン11工程）～HUB/CVT
- 冷間鍛造トランスファー～7ステージ成型～パイプナット

- 超精密打ち抜き～丸棒からの成型～ポールパーキング歩留まり50%改善
- メタルフロー制御～冷鍛5工程・抜き3工程～CVT製品

● 製品設計能力

豊島製作所は，スピーカーのヨーク部品の冷間鍛造技術を出発点に，自動車部品加工に進出してきた。また事業転換のプロセスで自社製品や電子材料の開発などに挑戦してきており，コア技術の深みと広がりを備えており，製品設計能力も備えている。

主力となる自動車部品事業に焦点を当てれば，図面は貸与図方式が中心で，1次サプライヤーのイーグル工業，三輪精機，ジャトコ，東プレなどと取引をする2次サプライヤーに位置づけられる。一方で自動車メーカーのダイハツ工業，豊田自動織機（ランドクルーザー）との取引ももち，1次サプライヤーとして設計開発への参加を求められ，承認図方式で取引する部品も含まれる。部品加工面で溶接レスの一体成形の同社の強みが最大限発揮されており，その強みをいかして開発，設計への参加も求められてきた歴史をもつ。

● ドメイン設計能力

豊島製作所は，電子部品の顧客がグローバル化し，国内生産が急減する中で，生き残りをかけて「事業転換」を行い新たな成長分野を探索してきた。その面からもドメイン設計能力は鍛えあげられてきている。現在は，自動車部品事業を主力とし，製品多角化とグローバル化の2つの面から環境変動の脅威に適応し，売り上げを伸ばしてきた。とくに電子部品から潜在成長性の高い自動車部品事業にドメインを広げ，集中してきた歴史をもつ。

同社は基本的に大量生産を追求する方針を堅持し，生産ロットは，トランスミッション部品では月産20万個，小物部品では月産70万個の生産能力をもっている。原則として年産1,000個程度の多品種少量品には対応しない方針という。

4）豊島製作所の能力構築―「壁」の克服方法と進化の方向性

●高度設備技術による一貫加工工程の実現（工程設計能力）

豊島製作所は，「冷間鍛造加工及びプレス加工」に強みをもち，鋼板からの冷間鍛造，増肉成型を行うことで溶接を廃止し，一体成型により効率の良い生産を追求してきた。またプレス加工，焼鈍・ボンデ加工，切削・研磨加工，アッセンブリまでの一貫加工できることも強みである。

冷間鍛造を中心に自動車部品に集中する過程で，1984年に当時関東最大の1,500トンの冷間鍛造プレスを先行導入したことは先述したとおりである。現在では精密成型プレスとしては，1,600～12,000kN(10) のアイダの冷間鍛造トランスファー（UL）が導入されている。とくにアイダの連続5工程トランスファー装置12,000kN（UL12,000）は代表的な装置である。また冷間鍛造プレスとしては，あらゆる形状に対応できる2,200～15,000kN（アイダ，コマツなど）の機械が導入されている。板金プレスも49台導入されており，「総合プレス」企業の看板にふさわしい装備である。また450～4,000kNの成型プレスをライン化したロボットラインが構築されており，自動化・ライン化も実現している。

それを支えるコア技術が金型の開発力である。金型は設計及びメンテナンスは内製が基本であり，製造は外注から内製に切り替え中である。とくに金型の精密製造のため安田工業のジグボーラ（5軸加工機）を導入し，複雑形状金型の製作に取り組んでいる。その他金型の製造用には，ワイヤーカット，放電加工機などが3台導入されている。以上のように，同社は高度な工程設計能力を磨き上げてきた。

●一体成型技術を梃に製品開発にも参加（製品設計能力）

豊島製作所の自動車部品事業に焦点を当てれば，図面は貸与図方式が中心で，2次サプライヤーに位置づけられる。一方で自動車メーカーのダイハツ工

（10） kN：キロニュートンで力を表す単位。

業，豊田自動織機（ランドクルーザー）のように，1次サプライヤーとして承認図方式で取引する部品もある。それらの部品加工では溶接レスの一体成型技術を最大限活用する中で，高い工程設計能力が認められ，製品開発，設計への参加も求められてきた。つまり，豊島製作所が製品開発まで手掛けるようになったきっかけは，同社の工程設計能力の高さを顧客が認めたことによるところが大きい。

また豊島製作所は，スピーカーのヨーク部品の冷間鍛造技術に強みをもち，事業転換のプロセスで自社製品や電子材料の開発などに挑戦してきており，コア技術の深みと広がりを備え，製品設計能力を意図的に向上させてきた経緯がある。

●環境変化に応じた柔軟な事業転換（ドメイン設計能力）

同社のドメイン設計能力をみると，円高や顧客のグローバル生産の影響を受けて，常々事業領域を変更し，状況の変化に適応してきた。当初はスピーカーのヨーク部品の成型加工の強みをもっていたが，円高・グローバル化の過程で事業転換を迫られ，冷間鍛造技術を中核とする事業転換に挑戦してきたのである。

同社のドメイン設計能力は，過去の環境脅威，事業転換の過程で能力のダイナミックな構築が行われた結果である。とくに自動車部品事業の開発は，新たな能力構築の代表的成果であり，冷間鍛造技術を磨き上げる中で，製品設計能力を身に着け，1次サプライヤーとしての取引も実現してきた。

一方で事業転換のプロセスで技術集約型の電子材料（マテリアルズシステム事業）に参入すると共に，プレス技術を生かした多角化やトイ事業の自社製品開発にもトライしてきた。3つの事業分野をもつが，現在では自動車部品と電子材料に集中，特化し，成長と安定の両立を目指しており，一定の成果を上げている。

●多角化とグローバル化（ドメイン設計能力）

豊島製作所は，1980年代には電子部品から自動車部品への事業転換（多角化）で自動車分野に資源をシフトし成長してきた。その点で自動車専業のサプライヤーとは異なり，事業構造は多角化している（マテリアルズシステム，自社製品）。一方，2000年代に入ると，自動車分野でのグローバル化を推進してきている。2012年4月に特殊鋼商社の佐久間特殊鋼と合弁（豊島製作所が60％出資）でタイ東部のチョンブリ県に生産工場を建設した。タイの工場では，冷間鍛造により国内の同一部品のステアリング・シートベルト部品からスタートし，日系企業や海外の企業への販売を見込んでいる。

同社のドメイン開発の方向は，自動車部品，マテリアルズシステム事業の2つである。10年後売上高100億円・利益10億円と大きな目標を掲げているが，目標の達成には，グローバル化による自動車部品事業の一層の拡大が追及されることになろう。

(4) 日本のエクセレントサプライヤーの能力構築と進化経路

ここまでみてきた日本のローカル2次サプライヤーのインタビュー調査（20社）やエクセレントサプライヤーの事例研究をもとに，能力構築の特徴や方法，各設計能力における「壁」の克服方法をまとめてみた。

① ものづくり能力の構築と壁の突破方法

承認図の壁を乗り越え，貸与図中心から一部の承認図取引に移行すれば，自動車メーカーや1次サプライヤーと共同で部品の開発，設計を行うこともできる。その前提としては，高度な工程設計能力が必要であり，日本のサプライヤーは，工程設計能力を構築，進化させるだけでなく，自ら「極めていく」指向が強い点に特徴がある。

一方で1次サプライヤーとして自動車メーカーと直接取引のできる承認図方式に移行するためには，工程設計能力の構築，進化だけでは難しい。日本の場合，階層型の取引慣行の壁がある。自動車産業は，自動車メーカーを頂点に，1次，2次，3次，4次とピラミッド型の取引関係の連鎖が出来上がっており，取引関係を逆転させることは難しい。ものづくり能力の構築，進化は必要条件であるが，それだけで成功しないことにも注意する必要がある。事例研究でも紹介したように段階的に能力構築を実現し，工程設計や製品設計の壁の克服や飛躍に成功した事例では，種々の突破方法がみられるが，以下の三点に集約される。

1) 工程設計能力の向上とVA/VE提案活動

まず，ものづくり能力面では，工程設計能力を向上させることが出発点である。前述したように2次サプライヤーにとって工程設計能力は，設備技術との関連が深く，製造装置・治工具・型などの開発，設計技術とのかかわりが強い。従って設備の先行投資は，重要な要因である。顧客（1次サプライヤー）を大きく超える工程設計能力を獲得できれば，それは顧客にとってブラックボックス化し，2次サプライヤー任せになりやすい。貸与図方式の取引ではあるが，取引先へ多くの提案ができる立場に立つことも出てくる。日本の場合，自動車メーカー，1次サプライヤーの方もQCDの改善には熱心であり，2次サプライヤーと連携したVA/VE活動を推奨している。その関連で高度な工程設計能力を背景とした提案は歓迎されており，それが製品設計の変更につながる事例も少なからず出てくる。

たとえば多賀製作所は，自動車用精密ばねの2次サプライヤーであるが，マルチフォーミングマシンと精密金型の設計加工の強みをいかして，提案営業を重視している。また多くの工程を内製している垂直統合型の強みをいかして，VA/VE提案により効率の良い生産方式を常時提案しており，製品設計の変更に結び付く場合もある。山本製作所は，ファインブランキングのグローバルサプライヤーであるが，ファインブランキングの強みをいかしてプレス・機械加工に代わる提案営業を重視している。たとえば同社のシートリクライナー部品は開発，設計から提案したもので，1次サプライヤーが担当するユニット部品の一部を代替する提案でもある。

2）機能部品がもたらす自動車メーカーとの直接取引

日本で生き残っている有力2次サプライヤーは，一般部品/機能部品で分けるとエンジン，トランスミッション，アクセル，ブレーキなど「機能部品」の加工を担当している企業が多い。事例研究の20社の大部分（95%）は，機能部品加工を担当している。おそらく単純な一般部品の賃加工は，1980年代，1990年代の厳しい競争の中で淘汰され，特徴のある機能部品サプライヤーが生き残った結果の反映でもある。

自動車メーカーは，エンジン等の機能部品を内製している企業も多く，機能部品中心の2次サプライヤーにとっては，自動車メーカーとの「直接取引」の機会も出ている。工程設計能力が突出したサプライヤーにとっては，自動車メーカーとの共同開発，設計の機会も多く，承認図方式の1次サプライヤーに移行する可能性も出てくる。

たとえば豊島製作所は，「冷間鍛造+板金プレス」における5つの独自技術を強みとしており，主要な取引は1次サプライヤーとの取引が中心であるが，自動車メーカーとの直接取引も複数行われている。同社の主力部品のCVTは，自動車メーカーとの直接取引であり，1次サプライヤーとして承認図方式がとられており，図面，形状など設計段階からの擦り合わせが行われている。また溶接レスの一体成型の部品加工では，開発への参加を求められており，1次サプライヤーとしての役割が期待されている。

山本製作所のリクライナーは，開発，設計まで含む承認図方式の取引である。また類似の部品は多数あり，本来1次サプライヤーが内製する領域を，2次サプライヤーが担当している事例である。同社によればリクライナーは高精密・複雑形状のプレス系の部品であり，同社のファインブランキングの提案は，従来の工程を短縮する効率の良い加工方法であり，承認図方式として採用されたものである。そこでは同社が開発，設計し，メーカーとの擦り合わせを通じて，加工，組付けまで同社が担当している。同社は複数の承認図方式の部品をもつが，中には量が増えてくると，1次サプライヤーが自社で設備投資し，内製部品として取り込まれる事例も起こる。それらの取引関係は，1次と2次が境界領域で重なり，競い合う典型的な事例である。ファインブランキングは，プレス・機械加工をはじめ，従来の工法に代替するものであり，そこでは承認図方式の1次サプライヤーとしての取引が行われる機会もでてくる。

3) 自動車（四輪車）以外の製品多角化—承認図取引のチャンス拡大

自動車部品の取引では1次サプライヤーから2次以下のサプライヤーの間に越え難いピラミッド型の関係が構築されている。一方で階層的取引においても，エクセレントサプライヤーにとっては，上下の階層間で競合する関係も生じており，複雑である。

一方で自動車分野を超えて，類似の機能・部品をもつ分野に多角化すれば，製品設計能力をもつ企業は，最終製品メーカーとの直接取引，承認図取引も可能である。2次サプライヤーの多くは，二輪車，トラック，建機，電機製品，産業車両などの類似機能をもつ分野へ進出して顧客を広げる事例も多く，そこでは「1次サプライヤー」として承認図方式の取引が行われている。つまり自動車から離れれば，系列取引関係の縛りから解放される機会は出てくる。2次サプライヤーは自動車分野と類似の機能をもつ周辺領域へ多角化すれば，1次サプライヤーに昇格することができるのである。

たとえば多賀製作所は，自動車用精密ばねの2次サプライヤーであるが，創業当初はエレクトロニクス用がメインであり，そこでは製品メーカーとの直接取引が行われていた。現在では自動車用以外でも二輪車，建機用など多様な精密ばねの取引を行っているが，中には精密ばねを中心にユニット化した組立部品を担当しており，主として承認図方式の取引が行なわれている。

また豊島製作所は，エレクトロニクス部品からスタートし，事業転換の中で自動車部品に集中してきた経緯がある。そこでは自動車メーカーとの直接取引の部品加工も多く，共同開発・設計の意欲も高い。

以上，日本のエクセレント2次サプライヤーは，多くの取引の経路を活用して，承認図方式にも挑戦しており，また一部の分野で1次サプライヤーとして取引していることも強調しておきたい。

② ものづくり能力とドメイン開発の相乗効果

1）環境脅威がドメイン開発の引き金

能力の壁の飛躍に当たっては，①で述べたように関係的技能を媒介として工程設計能力や製品設計能力の構築，進化が必要条件であろう。それに加えて環境脅威を背景とした「事業転換，大型投資，海外進出」などのリスクを賭した投資が，新たなドメイン開発に結び付く場合が多い。たとえば多賀製作所の工場集約化投資や中国・タイへの先行的な進出，豊島製作所の事業転換及び大型プレス機への投資，山本製作所の東北工場への先行投資（地域多角化）及び90年代の米国工場の建設等のリスクの大きな投資が引き金となり新たなドメインの開発が進んでいる。

日本のローカル2次サプライヤーのドメイン展開の基本軸は，自動車関連の顧客開拓，顧客多角化の推進が中心であり，自動車以外へ「製品多角化」する事例は少ない。多賀製作所や豊島製作所の事例では自動車部品加工を中心に顧客開発が徹底追求されている。一方で国内市場は成熟化していることから，グローバル化により成長戦略を追求する必要もある。山本製作所のように米国工場の建設が契機になり「新たな顧客開拓，加工分野の拡大」が進む場合もみられる。

自動車の潜在市場性はグローバルにみれば大きく，サプライヤーにとって自動車と同等かそれに近い規模をもつ有望市場は少ない。また自動車の場合，メーカー・サプライヤー間の「関係的技能」は長期の信頼関係に基づく擦り合わせ型の能力構築から生まれた知財であり，時間と共に能力構築や進化の効果が持続する特性をもつ。

2) グローバル化によるドメイン能力の進化・飛躍

日本のローカル2次サプライヤーは，アジアへの進出が基本戦略であるが，中には米国，欧州に積極展開している事例もある。欧米市場は，アジアと異なり市場規模が大きいが，参入している2次サプライヤーも限定されており，2次サプライヤーにとって新たな顧客開拓や製品および工程の多角化のチャンスである。つまりハイリスク，ハイリターンの投資が必要な市場であり，それだけドメイン開発やドメイン多角化の壁の克服に結び付きやすい。

たとえば，山本製作所の2015年度の海外売上高は，連結売上高の3分の1以上を占め，従業員数も332名を抱えている。同社のケンタッキー工場では，ブレーキパッドからスタートし，その後はクラッチ，フランジなども生産している。同社は，日系との取引以外に現地の顧客開拓に成功し，今日では米国の主な自動車メーカー10社中8社と取引を行っている。また製品および工程の多角化も進め，米国内のシェアが45％に達している。

一般に，2次サプライヤーのグローバル化は，現地での顧客の確保，新規開拓が難しく，リスクも大きいといわれる。しかし一方で，山本製作所のような成功事例もある。国内ではピラミッド型の取引関係が明確であるが，海外は国内ほど厳密に取引関係が固定されておらず，新規顧客の開拓や新規工法の導入に結び付く可能性が存在するのである。

【参考文献】

浅沼萬里（1997）『日本の企業組織・革新的適応のメカニズム：長期取引関係の構造と機能』東洋経済新報社.

Blaxill, M. & Eckardt, R. (2009) *The invisible edge: taking your strategy to the next level using intellectual property*, Penguin Group.（村井章子訳『インビジブル・エッジ』文芸春秋，2010年）

中小企業庁（2012）『中小企業白書2012年版』日経印刷.

中小企業基盤整備機構（2004）『中小企業国際化支援レポート―ケーススタディ：山本製作所』2004年10月.

東京都金属プレス工業会（1994）『プレス通信―金属プレス最前線豊島製作所』1994年7･8月号.

ぶぎん経済研究所（2011）「多賀製作所社長インタビュー」『ぶぎんレポート』ぶぎ

ん経済研究所.
藤本隆宏（2004）『日本のもの造り哲学』日本経済新聞社.
経済産業省（2011）『ものづくり白書2011年版』経済産業調査会.
日本自動車部品工業会（2013）『BCPガイドライン』日本自動車部品工業会.
埼玉りそな産業経済振興財団（2013）「ズームアップ豊島製作所」『埼玉りそな経済情報』埼玉りそな産業経済振興財団.
土屋勉男・大鹿隆・井上隆一郎（2010）『世界自動車メーカーどこが生き残るのか』ダイヤモンド社.

（土屋勉男）

第4章
タイのローカル2次サプライヤー

タイは東南アジア最大の自動車生産国である。自動車生産能力は約300万台に上り，世界でも10位以内に入る規模を誇っている。その結果，自動車部品の生産規模も膨大であり，その現地調達率も1次サプライヤーベースで平均して70％に及ぼうとする水準にある。その意味で，他の東南アジア諸国に比べて，サプライヤー基盤も比較的整っているといってよい。しかし，2次，3次サプライヤーレベルでの現地調達率は決して高くないことが報告されている（新宅，2016）。いわゆる深層の現地化問題の存在である。タイにおけるサプライヤーシステムは，現地の2次，3次レベルまで見たとき，日本国内のサプライヤーシステムと比較すれば異なったものであると考えられる。

ここでは，まず，全般的な事例調査の分析を行い，次にエクセレントサプライヤーの分析を行う。これらにもとづきタイ自動車産業におけるローカル2次サプライヤーの特性とイノベーション能力を点検し，その課題を提起する。

(1) 事業環境とサプライチェーン

① 事業環境の動向―東南アジア最大の自動車産業集積

タイの自動車産業の歴史は比較的古い。黒川（2015）および他の文献[(1)] などにより，日系自動車メーカーの動きを中心に簡単にその歴史を振り返っておきたい。

1) 現地生産の拡大

1957年にトヨタ自動車が販売拠点をバンコクに置いたことを日系自動車メーカーの現地化の嚆矢とする。1962年の新投資奨励法の改正により，外資自動車企業の投資環境が整ったことで，同年トヨタ自動車と日産自動車が，1965年には本田技研工業（このときは二輪の生産販売），そして1966年には

(1) 「タイの自動車産業事情」『ArayZ』2016年3月（経済情報誌ArayZウェブサイト）http://www.arayz.com/backnumber/（2018年4月20日アクセス）

いすゞが，それぞれ生産拠点を設置した。このように1960年代後半以降，タイの自動車産業発展において日系メーカーが中心となっていった。しかし，当時は，日本国内の部品を輸入して現地で組付けるCKD生産が主であり，自動車販売が拡大すると部品輸入もそれに伴って増大するため貿易赤字が拡大した。そこでタイ政府は1968年「自動車産業開発委員会」を設置，部品国産化政策を導入し，国内部品産業の育成を図ることになった。

1971年にタイ工業省は「25％国産部品調達義務」をとりまとめ，これを1975年より課すことを決めた。そのため，日系メーカーの進出が活発化した。完成車製造業が系列部品企業にタイへの進出を促したからである。しかし，経済成長に伴い貿易赤字が拡大する状況には変化がなく，1970年代後半には，タイ政府は輸入代替政策を一層推進するとともに，さらに輸出指向政策に転換することを決めた。そのために現地企業の競争力向上を目指し，さらに部品国産化政策を強化していくこととなった。具体的には「1970年代初頭の部品国産化率は15％であった。70年代中頃（73～78年）には25％まで引き上げられた」「87年には50％を超えた」「1999年には乗用者には54％，商用車には62～65％が課された」（古井，2007）

こうした政策に呼応して，1980年代には日系部品企業のタイへの進出は拡大し，特に1985年のプラザ合意による円高の急伸により，さらにそれが加速することになった。

2) 輸出奨励政策の強化

1990年代に入ると，タイ工業省は輸出奨励政策の強化を進めた。1988年同一企業間の自動車部品相互補完協定（BBC[(2)]），1996年その発展形であるAICO[(3)] スキームに，さらに将来のAFTA[(4)] により，域内の分業体制の中でその中核を占めることを，タイ政府は企図していた。これを背景に1990年代前

---

(2)　ブランド別自動車部品域内相互補完流通計画（Brand to Brand Complementation）。
(3)　ASEAN産業協力（ASEAN Industrial Cooperation）。
(4)　ASEAN自由貿易地域（ASEAN Free Trade Area）。

図表4-1：タイの自動車生産台数・販売台数の推移

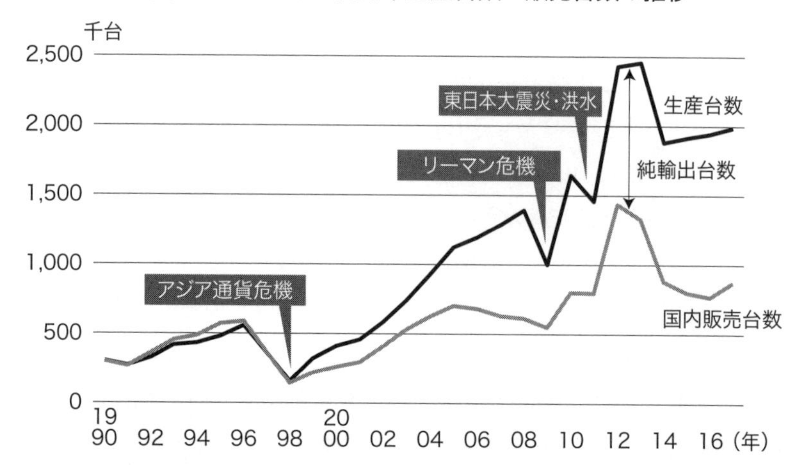

出所：タイ工業連盟統計，日本自動車工業会「主要国自動車統計」「世界自動車統計年報」より筆者作成。

半には完成車製造業，部品製造業ともに日系企業の設備拡大が相次いだ。

1996年には生産台数は約56万台まで伸びることとなった。しかし翌1997年のアジア通貨危機の発生により，この生産台数は急激に減少し半分以下にまで落ち込むことになった。予期しない危機の発生と生産の落ち込みとはいえ，すでに拡大していた供給能力は余剰能力となっていたため，輸出奨励策はより重要な政策となり，この政策を背景に域内にとどまらず，先進国も含む地域への輸出拡大が図られることになった。その結果，国内市場の回復もあって，タイの自動車生産は2000年代前半には急速な拡大を果たしたのである。

3) 輸出の拡大と安定的な自動車生産水準

先に見たように，アジア通貨危機後，5年ほどでタイの生産水準は回復を見せるが，その大きな要因は輸出の拡大にある。経済危機前にはタイで生産された完成車はほぼ国内で販売されていた。危機前の生産でピークを迎えた1996年ではわずか10%にも及ばない4万台強が輸出されたにすぎない。しかし，危機後の1998年には生産台数が大幅に減少した結果，わずか5万8千台ではあるが，生産台数の50%近い台数が輸出に振り向けられた。これ以降，国内の販売台数に左右されるが，30から40%が輸出されることになる。この間の輸出は国内市場の急激な縮小に対応した，生産水準を維持するための緊急避難的な輸出の意味合いが強かったと言わなければならない。

しかし，2000年代後半からの輸出拡大は，政府の従来からの方針のもと，自動車メーカー各社により戦略的に推進されたものである(5)。実に生産台数の半数以上が輸出に向けられることになる。それに伴い生産台数は増加し，2005年には100万台以上を生産するタイは，世界14位，ASEAN域内最大の自動車生産大国に成長した。2009年世界同時不況，2011年タイ洪水，東日本大震災などの外的ショックを受けながらも，2012，13年には，国内市場の拡大も手伝って，いずれの年も約245万台を生産し，スペイン，フランス，イギリスと互角の世界第12位の生産台数に達した（日本貿易機構，2017)。2015年，16年，17年実績では，それぞれ約191万台，約194万台，199万台を生産し，完成車120万台，119万台，114万台を輸出している。世界の第10位前後を常に保ち，国内生産のほぼ60%，100万台以上をコンスタントに輸出するところにまで，タイの自動車産業は成長した。

図表4-2：2010年代のタイ自動車生産・輸出・販売

（単位：台，%）

項目	2010	2011	2012	2013	2014	2015	2016	2017
生　産	1,645,304	1,457,795	2,453,717	2,457,057	1,880,007	1,913,002	1,944,417	1,988,823
国内販売	800,357	795,250	1,436,335	1,330,672	818,832	799,632	768,788	871,644
輸　出	895,855	735,627	1,026,671	1,128,152	1,128,102	1,204,895	1,188,515	1,139,696
輸出比率	54	50	42	46	60	63	61	57

出所：タイ工業連盟より筆者作成。

(5)　この輸出拡大の背景には，タイ国政府の政策面にくわえ，自動車メーカーの戦略が要因として見逃せない。各社のピックアップトラック系車両のグローバル生産拠点化，特にトヨタのIMV計画の推進と，日産，三菱のスモールカーの輸出生産拠点化の推進などである。

② サプライチェーンの特徴

タイの自動車産業のサプライチェーンの特徴としては，1）これまでの自動車産業政策・投資政策により，部品産業の集積が進展していること，2）サプライチェーンの中核が200社以上の日系サプライヤーによって主に担われていること，3）地域的なクラスターの形成が進んでいることが挙げられる。山本（2013）にもとづき，それぞれの点について確認し，最後に4）ローカルサプライヤーの特性をまとめてみたい。

1）部品産業の集積の進展

タイのサプライヤー構造は，日本を含む他国と同様，自動車メーカーに直接納入する1次サプライヤー，1次サプライヤーに納入する2次サプライヤー，さらに2次サプライヤーに納入する3次サプライヤーによって構成される。タイBOI（2015）およびタイの自動車部品工業会（TAPMA）の報告によると，1次から3次までの全階層の総計で企業数は2,400社を超える。図表4-3に見るように，タイの1次サプライヤーは709社にのぼり，約半数が外資過半数の合弁，約4分の1がローカル過半数の合弁，残りの4分の1が純ローカルという構成となっている。これに対して，インドネシアの1次サプライヤーの数は250社（インドネシア工業省），マレーシアは約280社（プロトン取引企業数）にとどまる。これらと比較すると，ASEAN地域のなかでタイの自動車部品産業の集積度の高さは突出している。このような高集積の結果，ピックアップトラック全般や一部小型乗用車などの量産車では，現地調達率が9割を超えているものもあり，これがASEAN地域におけるタイの自動車部品のコスト競争力の高さにつながっている。

2）サプライチェーンの中核を担う日系サプライヤー

タイのサプライヤー構造の最大の特徴は，日系サプライヤーだけでもサプライチェーンがほぼ完結できることである。タイBOI，タイ自動車部品工業会，海外進出企業一覧等の各種名簿から集計した結果，日系の自動車関連のサプラ

図表4-3：タイの自動車産業のサプライヤー構造

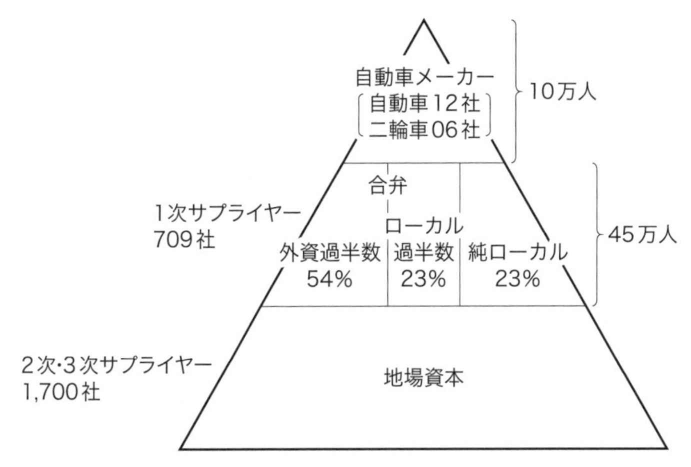

（注）原データはThai Autoparts Manufactures Association。
英語だったものを筆者が日本語に翻訳した。
出所：BOI Thailand（2015）.

イヤーは2011年時点ですでに285社にのぼり，そのうち，日本自動車部品工業会の会員企業の進出企業数は，2011年で214社に達する，と報告されている。

日系サプライヤーの進出分野は，2010年代初頭の時点で多岐にわたっており（図表4-4），ステアリング，ブレーキ，サスペンション等の機能部品，電装部品，安全関連システム，プレス・金型，内装，射出成型等の各分野で10～30社以上のサプライヤーが進出している。これは，部品ごとに，素材，加工，最終組立までのサプライチェーンが形成されていることを示している。このように広範なサプライチェーンを日系サプライヤーが事実上コントロールすることにより，自動車メーカーが要求する高い品質を可能にしている。

3) 自動車産業クラスター形成の進展

タイ政府は1990年代以降，港湾周辺ないしバンコクから200km圏内の地域を中心に工業団地を急速に整備する一方で，進出企業に対して8年の法人税の

図表4-4：タイの日系サプライヤーの分野別進出状況

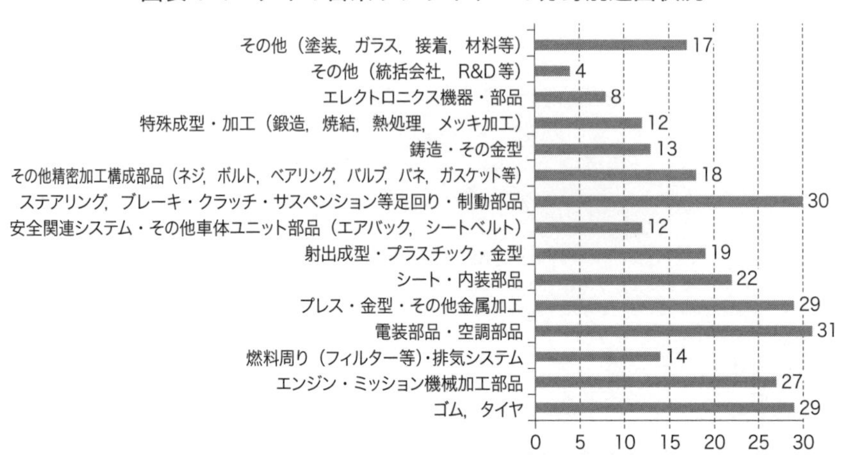

（注）BOI資料，TAIA等のDirectoryから作成（2011年時点）。
出所：山本（2011）より筆者作成。

タックスホリデーなどの恩典を与え，部品メーカーや裾野産業の進出を促進してきた。その際に，地域ゾーン制を採用し，バンコク周辺に対する恩典を減らす代わりに，ラヨン（南東部），チャチェンサオ（東部），ナコンシマタマラート（東北部）などの地方には手厚い優遇策を講じた。

この結果，従来のバンコク周辺，アユタヤ地域に加えて，東部のチョンブリ，ラヨン県等に新たに自動車産業クラスターが形成された。このクラスターには，鋳造，鍛造，焼結，プレス，金型，ゴム加工等の幅広い裾野産業が含まれる。これらの地域はバンコクを中心に200km圏内に入ることから，自動車メーカーは大半の部品を完成車工場から2〜3時間以内で調達できる。2000年以降は，モーターウェイ，アウターリンク（環状線）等港湾と都市や郊外と都心を結ぶ道路インフラも整備され，クラスター間を結ぶ物流の効率性も高まった。物流の効率化は，日系自動車メーカーが取引企業に普及させたリーン生産方式（カンバン方式，ジャストインタイム，自働化などに代表されるトヨタ生産方式等），現場でのカイゼン活動と相まって，納期遵守の向上につながった。

以上のように，日系サプライヤーを中心とするサプライチェーンの発展，裾野産業を含む複数の地域クラスターの形成，道路等インフラ整備によるクラスター間物流の効率性の向上から，タイの自動車産業は品質（Q），コスト（C），納期（D）の面で，ASEAN域内で一歩抜きん出た競争優位を確立した。

4) ローカルサプライヤーの特性

タイのローカルサプライヤーの第1の特性は，自動車性能の基本機能に影響しない部品への集中である。ローカルサプライヤーは，単価の低い，高度な機能・要求品質を必要としない部品を中心に自動車メーカー，また同部品メーカーに納入している。具体的には，ダモノと呼ばれる単純な加工部品，車の基本機能に直接影響しない外装，内装，ボデー部品，機構部品が中心となる。すなわち，車の機能とローカルサプライヤーの取引数との関係は，基本性能に影響する部品分野になるほど，ローカルサプライヤーの取引数が減る傾向にある。

第2の特性は，貸与図方式の取引を中心とすることである。タイのローカルサプライヤーは，2000年半ば以降，日系自動車メーカーの設計・開発の現地化が進むなかでも，2次，3次はもちろん，1次サプライヤーであっても，貸与図メーカーの立場にとどまっている。これは，先述の通り，日系自動車メーカーは，機能，性能や耐久性が重視される部品については，日系サプライヤーから調達する傾向があり，タイのローカルサプライヤーが製品の基本設計から関与するケースはまれである。タイサミットオートパート及びソンブーングループ等の大手ローカルサプライヤーは，設計・開発部署をもっているが，主に部品の性能評価・解析，顧客から支給される貸与図面からの工程設計，金型・治具設計が中心であり，「承認図方式で取引しているのは限られた部品のみである」（ソンブーングループ幹部）と指摘している。

第3に，経営規模の小さいサプライヤーが過半数を占めることである。ローカルサプライヤーは，単価が低い，単純な部品を主に担当し，サプライチェーンでは，1次サプライヤーとしての取引数は相対的に少なく（取引数の3割以下），2次，3次レベルを中心に取引きしているために，経営規模が小さい。タイ商務省発表の財務データをもとに集計すると，2012年度のローカルサプライヤーの上位50社の売上高は，34.3億バーツ（109億円，1バーツ=3.17円）に過ぎない。また，上位41社以下のサプライヤーの売上高は，10億バーツを下回る。日本の自動車部品メーカーの平均出荷額（338社）は526億円（日本自動車部品工業会，2010），タイ進出日系企業の売上高（進出企業214社平均）133億円と比較すると，タイのローカルサプライヤーの経営規模は小さい。

以上のような特性ないし制約から，タイのローカルサプライヤーの大半は，2次，3次の地位から1次サプライヤーへの移行ないし，1次サプライヤーであっても付加価値の低い製品分野から，それ以上の複雑性・機能性の高い製品分野への移行が進んでいない。このことが，ローカルサプライヤーの発展にとって大きな課題となっている。しかし，タイ・サミットグループ，ソンブーングループなど一部の大手ローカルサプライヤーは，1次サプライヤーとして自動車メーカーとの取引規模の拡大，特定の製品では承認図メーカーとしての地位を確保してきている。後ほど，各社のケーススタディで詳しくみるが，日系メーカーとの取引，指導，元日系自動車メーカー・部品サプライヤーの技術者・経営者としての採用，日系企業との技術提携・合弁等を通じて技術移転・経営資源の高度化を図れば，長期的には基本性能に影響のある機能部品への移行は可能な企業が増加すると考えられよう。

③ サプライヤー構造強化への取り組み

前述の通り，タイの自動車部品産業は周辺国に比べて基盤が整っているものの，ローカルサプライヤーの能力は日系サプライヤーに比べるとまだ低い。したがって，長期にわたる部品国産化・現地生産の強化と輸出奨励・域内貿易自由化政策は，前提としてタイ国内における部品製造企業の競争力強化，さらにはタイ現地の2次，3次サプライヤーの能力強化という点に集約されざるをえない。この点では1次サプライヤーの分野においても現地サプライヤーは重要な役割を果たすことが期待される。外資系1次サプライヤーがさらに現地化を果たしても，その部品が日本などの本国からの輸入に頼っていた場合，品質問題はないかもしれないが，コスト競争力は失われる可能性がある。したがって，この間の完成車輸出を視野に入れた現地化のプロセスの中で，ローカル2次，3次サプライヤーの強化が目指されることになった。川辺（2007）によれば，機械加工専業，プレス専業，樹脂成型専業企業を中心に現地企業の開拓，育成が，タイ政府と連携した日本政府及び関連機関，日本自動車及び同部品製造業の協力のもと強力に進められた。

アジア危機後の1998年1月に，タイ政府は「産業構造調整マスタープラン」を策定し，同年7月にその一環としてタイ工業省の機構としてタイ自動車インスティチュート（Thai Automotive Institute：TAI）を設立し，翌1999年4月から活動を開始した。この機構は「タイを自動車生産のハブにするための条件を実現する」ことを目的としたものである。この目的に沿う形でATBP（自動車技術構築プログラム）により，2000年から日本人専門家による現地企業150社（完成車企業の推薦による）に対する巡回技術指導が実施された。

タイ政府は「第9次国家経済社会開発計画（2001～2006）」の中で，「タイ自動車マスタープラン」を作成した。この中で「人材育成を進め，2011年にはタイはアジア自動車生産基地としての地位を確立し，生産台数は少なくとも100万台以上，その40%以上を輸出する」ことを目指した。

2006年12月にはJICAによって，同年11月に発効した日本・タイ経済連携協定も念頭に，両国政府および民間の協力による「タイ自動車裾野産業人材育成プロジェクト」が実施され，継続的な現地企業の人材育成が進められた。ここでは2011年3月までに数百人規模のタイ人の指導者，数千人規模の研修生育成のための活動を実施した。それ以降，現在に至るまで，海外産業人材育成協会などの各論レベルのプロジェクトとして継続している。

タイ政府及びそれに協力する日本政府，そして民間の努力により，タイにおけるサプライヤー基盤が他の東南アジア諸国に比して整備されていることは事実である。しかし，依然として量の面でも質の面でも課題は残っている。

まず量の面を見てみよう。先に見たように，タイ自動車部品産業において，1次サプライヤーは700社余りであり，これに対して2次，3次サプライヤーの数は1,700社程度といわれている。これは，近隣のインドネシア，マレーシアに比較すれば，ほぼ桁違いといえるほど充実していると言えよう。しかし日本国内では1次サプライヤーに対する2次サプライヤーの会社数比率は4，5倍の数に上っているので，さらに量的集積を進める余地が大きい。ただし問題は量よりも質である。QCDにおける能力構築には依然として課題が残っている。

この点における，タイローカルサプライヤーの能力構築の特徴は，事業領域の拡大とトヨタ生産方式（TPS）などの現場マネジメントへの取り組みの強化である。前者の事業領域拡大には顧客の数量拡大と工程の垂直的拡大の両面がある。すなわち，顧客数，注文数の数量拡大により専門技術の強化を図ること，また，工程における加工度の拡大すなわち下工程（顧客側加工・組立工程）への展開を図ることである。

(2) タイのローカル2次サプライヤーの特性

すでに第2章で詳述したが，ここではタイのローカルサプライヤーの特性という視点で，簡単に比較分析を再構成することとしたい。

各社の工程設計能力，製品設計能力，ドメイン設計能力の三つの設計能力を分析軸としたことはすでに説明した。第一の分析は工程設計能力と製品設計能力という基本的な二軸によるものづくり能力分析である。この工程，製品設計能力の二つを合成したものづくり能力軸とドメイン設計能力の二軸による分析である。換言すれば，ものづくり能力形成の軸と事業展開・事業戦略の軸による分析である。

① ものづくり能力形成

ものづくり能力の軸による分析（図表2-1）では，日本企業がおおむね製品設計，工程設計能力ともに高位に分布しているのに対して，タイおよび中国企業は低位，左下に分布している。つまり，ものづくり能力に関しては，日本企業が最上位にある。次いで中国が日本企業群に近い分布で，タイ企業はその下位に位置している。タイ企業に技術的な課題が残っていることを示している。今後一層の工程設計能力の研鑽を進める必要があり，その結果として製品設計能力にも一定の進歩が期待でき，一層のものづくり能力向上につなげることが求められている。

②ドメイン設計能力

このものづくり能力とドメイン設計能力の二軸による分析を見ると，日本・中国・タイの国別でサプライヤーの指向，行動が異なる状況がみて取れる（図表2-2，2-3）。

日本ではものづくり能力の程度は高いが，事業展開の範囲は限定的であるのに対して，タイはものづくり能力が低位にある段階でもドメイン展開が広範囲に広がる傾向がある。中国はこれらの中間である。

日本のサプライヤーは，顧客を限定，あるいは顧客の分野を限定しながら，その関係を基軸にしながら，ものづくり能力を進化させる傾向が強い。言葉を替えると，獲得した同一顧客，あるいは何とか事業を存立させた同一分野において，より高度な技術，技能への挑戦を図りながら，事業の拡大を追求していくということである。

中国のローカル2次サプライヤーは，日本との類似性を有している。日本同様に特定顧客，同一分野での拡大を追求する点は日本と共通である。ただし，同一分野の多様な顧客への展開も同時に図る傾向がある。

これら日中に対して，タイのローカル2次サプライヤーは，自動車市場成長，自動車生産の拡大に伴う需要の量的拡大に対応し，同一レベルの技術を横に展開することにより事業拡大してきた。技術，技能の技を磨きながら，深く顧客のニーズに対応するよりも，むしろ同一技術のレベルを必ずしも向上させることなく，同レベルのまま用いて，多様な顧客，多様な分野への展開を追求するという傾向がある。

③ 事業環境の相違

このような地域による相違は，各地域の経営者特性の問題もあるが，それだけに限定することはできない。むしろ，経営者が戦略を考える前提，その事業環境の違いにその要因があると考えられよう。

日本の2次サプライヤーの場合，市場がさらに成長し，新規顧客が次々に生まれることが期待できない事業環境のもとにある。さらに同業者の質も高く，そことの競争は厳しい。従って，特定の顧客あるいは事業分野に絞り，他社よりも，より困難な技術に挑戦することを武器に，その分野のニーズを掘り起こしながら事業拡大を追求しなければならず，そこに日本の2次サプライヤーの特徴がある。

換言すれば日本の場合，顧客の要求の高さ，競合企業による競争条件の質量両面での厳しさから，限定的な分野，限定的な顧客に対する取引の中で技術的能力が磨かれていくことがうかがえる。逆にそこで技術的能力を磨かなければ生き残ることが難しいということである。

これに対して，中国の場合，市場成長性は高く，顧客の幅も拡大する方向にはあるが，同時に，サプライヤー同士の競合関係が強い。成長市場を狙う同業者の数が多く，競争関係が非常に厳しい事業環境にある。従って，日本ほどではないが，顧客関係，事業分野を絞る戦略をとりながら，他の同業者に対する競争力の高度化を図る行動が一般的となる。同一分野への展開までは可能であるが，異分野の顧客への展開は限界があるのであろう。

図表4-5：事業環境とタイと日本・中国のサプライヤー行動

<table>
<tr><th colspan="2">項目</th><th>タイ</th><th>日本</th><th colspan="3">中国</th></tr>
<tr><td rowspan="3">顧客</td><td>主体</td><td>日系</td><td>同左</td><td>日系</td><td>欧米系</td><td>現地系</td></tr>
<tr><td>質的要求水準</td><td>高</td><td>高</td><td>高</td><td>高</td><td>中</td></tr>
<tr><td>量的成長</td><td>高</td><td>低</td><td colspan="3">高</td></tr>
<tr><td colspan="2">競争環境</td><td>低</td><td>高</td><td colspan="3">高</td></tr>
<tr><td colspan="2">ものづくり能力形成</td><td>低</td><td>高</td><td colspan="3">中</td></tr>
<tr><td colspan="2">ドメイン展開</td><td>高</td><td>低</td><td colspan="3">低</td></tr>
</table>

資料：インタビューにより作成。

これら日中二国に対して，タイのローカル2次サプライヤーの場合，2度にわたって大きな需要の減少に見舞われたものの，長期的に見れば市場の成長性も高い。また特に2次以下のサプライヤーの領域では競合企業も少ないため，低位なものづくり能力であっても，顧客拡大が容易であり，異なる分野の顧客にさえも展開が可能であることを示している。タイにおいては，ローカルサプライヤーに限らず，2次以下のサプライヤーの集積が少なく，層も薄いので競争圧力も強くはない。したがって必死で技術的能力の追求をしなくても，比較的容易に事業拡大を追求実現できる，ということができる。2次，3次のローカルサプライヤーにとって，タイの事業環境の良さが事業展開，ドメインの展開を容易にする反面，ものづくり能力の形成に負の影響を与えている可能性は高いかもしれない(6)。

(3) タイのエクセレントサプライヤーの事例研究

タイの自動車生産の歴史は比較的古く，ローカル2次サプライヤーのすそ野もASEAN地域の中では際立って広く厚いことはすでに述べた。また日系の自動車メーカー，日系の1次サプライヤーが主体となっていること，日本政府，団体の様々な支援事業が長期にわたって実施されてきため，タイのローカルサプライヤーには日本的なものづくりの考え方が浸透している。

ここでは，第2章で抽出したタイのエクセレントサプライヤー，SP Metal Part社（T8），Mahajak社（T11），Siam Senater社（T14）の三社をとりあげて，その事業特性，各種設計能力，能力構築の核心などについて検討する。この三社はいずれも日系メーカーへの供給を通じて，そのものづくり能力を向上させ企業発展を遂げてきた。

(6)　この点に関する問題意識が，永年にわたる「自動車産業人材育成」に関するタイ政府，日本政府の取り組みにつながっていると考えられる。

① SP Metal Part社（T8）

〈自動車シート製造を起点に，パイプ加工，プレス・溶接・塗装を複合した技術を核に，電気，家具など多角的に展開〉

工程設計能力：(4)　製品設計能力：④　ドメイン設計能力：3)

1）SP Metal Part社の概要

図表4-6：SP Metal Part社の概要

本社	37/24 Moo3, Soi Kraisakdomat, Tepark Road, Km.14, Bangpar, Bangplee, Samutprakarn. 10540
設立	1975年
資本金	1,000万バーツ
経営者	会長：K.Sompol　社長：K.Chanchai
売上高	14億バーツ（2012年），47億円（1人当たり売上高522万円）
従業員数	900人
主要製品	自動車用金属プレス部品，電機用部品
主要な取引先	自動車用（MMC，日産の1次サプライヤー），電機用（タイ・サムスン，パナソニック・ホーム，ハイアール，サンヨーなど）
事業内容	自動車用金属プレス部品加工，電機用サーボ部品加工

出所：同社ホームページおよびインタビュー（2014年9月12日）より筆者作成。

同社は，1975年に華人系のソンポル氏（現会長）がロハギット社としてサムロンサムットプラカーンに創業した。創業者のソンポル氏は，現MD（Managing Director）の祖父に当たる。当初，2台のプレス機で電気機械用の部品加工事業を行っていたが，三菱自動車向けのプレス部品の製造に進出し，規模を拡大した。1989年にソイグライサクダーワットに移転して，社名をSP Metal Partに変更し，今日に至る。このほか，2005年にプランチブリに設立した別工場と，2014年チョンブリに設立した別会社を有し，グループ企業を形成している。

売り上げは14億バーツ（2012年47億円）で，従業員は約900人で一人当たり売り上げは522万円である[7]。また，ISO14001を2006年，ISO9001を2008

(7)　2014年に設立したSP Automotive Productという関連会社（350人）をもっており，これを合計した数字である。

年，ISO/TS16949を2009年に取得している。

2) SP Metal Part社の事業特性

主要顧客は三菱自動車と日産自動車であり，この二社に対しては1次サプライヤーの位置にある。そのほか自動車シートメーカーのタチエス，タイ現地に立地するパナソニックやサムソンなどの電機メーカーを顧客としている。

自動車製造業向けにはブラケット・トリム・パーツ，エンジン・ブラケット・パーツ，ボディ・パーツ，エキゾースト・パーツなどの大小プレス部品を供給している。タチエス向けには自動車シートの構成部品であるシートフレームを供給している。

3) SP Metal Part社の工程・製品・ドメイン設計能力

● 工程設計能力

同社のソイグライサクダーワットの工場には，大小プレス機によるスタンピング工程を主要工程とし，溶接組立工程，塗装工程がある。プレス機は60トンから最大400トンクラスのものまで82台を有する。400トンクラスのプレス機は2台ある。溶接機は39台，ほかにロボット溶接機を25台有している。塗装は，EDコート[(8)] ラインを3ライン有している。

金型に関しては30名の技術者，その他エンジニアリングに50名がいて，設計は内部で対応している。一方，金型の製造は小物を中心に20%から30%を内製しているが，大物は基本的に外製である。

政府の自動車産業人材開発プログラム（AHRDP）の指導を受けており，ここから多くを学習してきた。そのため基本的な5Sは守られている。工程内在庫も整理されており，レイアウトも適切で無駄を感じない。その点，日本の中小企業にも共通する雰囲気を有している。現在も，社内において改善のための自主的活動が比較的熱心に継続されている。

これらのレイアウトをはじめ，工程設計は自社で行う。また，トヨタ生産方

(8)　電着塗装（Electro Deposition Coating）。

式（TPS）を1996年の成長期（危機前の生産のピーク時）から導入しており，政府や業界が工程の改善活動に注目し始めた時点より，自社独自で活動を開始した時期はやや早く，これに関わる従業員教育などの歴史は他社よりも古い。多工程持ちなども追求している。現在ではグループ企業においても同様の改善活動を実施しており，この点では勤務している複数の日本人顧問の寄与も大きい。

● 製品設計能力

自動車部品，電気部品に関して，製品設計の図面は貸与図である。2D・3DのCADデータの提供を受けている。製造に関わる点で，図面の変更や調整について同社は意見を述べる力はあり，その点では単なる加工メーカーのレベルに留まってはいない。この点は他のエクセレントサプライヤーにも共通する点である。

ただし，自社で開拓した最終製品OEM事業（日本市場向け金属家具等）については部分的ながら製品設計能力を有する。このような最終製品の事業が拡大していけば製品設計能力は拡大していくだろうが，自動車，家電等の部品事業では，2次サプライヤーの地位はもちろんだが，1次サプライヤーの地位であっても，開発拠点が日本にある場合，製品設計を武器にして共同開発に展開することは当面難しいと考えられる。

● ドメイン設計能力の開拓

SP Metal Part社は，当初，電機関連の小物プレスから始まった企業である。その後，小物プレスから大型プレスに，プレス単品から溶接組立，さらに塗装も含む加工工程の高度化を進めた。また同社は単品部品から複合部品へと，技術領域を複合加工へとの拡大，しかも高品質，高生産性を追求した。このように同社は工程技術の進化に伴い顧客分野を拡大させて発展してきた企業である。アジア通貨危機，リーマン危機に由来する過去二度にわたる自動車事業の危機を，加工の高度化による生産領域の拡大，顧客の拡大で乗り切っている。

その意味ではドメイン設計能力が高い。まず，同一顧客の中で工程設計能力を中心に技術的能力を拡張させることを手始めに，拡張した工程設計能力を背景に，顧客拡大へと展開させる。見方を変えるならば，技術拡大と顧客展開を同期させている点が注目される。

この危機時の事業展開を主導したのが，創業から三代目にあたる現在のMDである。ドメイン設計能力の展開では2代目の社長の補佐を務め，強いリーダーシップをもって，事業をいかに変えるか，いかに展開するかを，社内の若手たちと話し合い，実際の変革を主導してきたと言える(9)。

4) SP Metal Part社の能力構築―「壁」の克服方法と飛躍の方向性

同社は，工程設計能力とドメイン設計能力のバランスが取れている。これによって，アジア通貨危機の需要後退期を克服してきた。この危機に先んじて，トヨタ生産方式（TPS）導入による工程設計能力の確立，加工能力の拡充と顧客の拡充の展開などが，トップの見通しと決断の元に実行されている。

● 現MD主導による工程設計能力向上とドメイン展開の拡充

飛躍の要因は二度にわたる危機への対応の中で生まれた。この点を詳しく見てみよう。

1997年のアジア通貨危機の直後，現MDをリーダーとして，今後5年で会社を変革していこうという強い意志のもと，多くの取り組みを行った。また，それが可能となったのは1996年の高成長期に先立ってトヨタ生産方式（TPS）カンバン方式を導入していたことだった。この中で従業員教育，小集団活動などを進めていたことが，今日の同社の工程設計能力の基盤となっている。この工程設計能力により，日系メーカーをはじめ顧客が要求する高品質，低コスト，納期の正確さを実現できたのである。

---

(9)　この点はタイ大手のサミットグループやソンブーングループにも共通だと言われている。

図表4-7：SP Metal社のドメイン展開

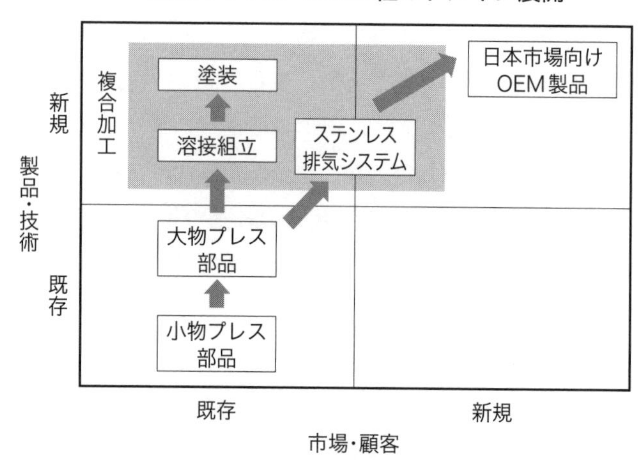

出所：同社のインタビューより作成。

また，他社に先駆けてタイをグローバル拠点とし，ピックアップトラックの輸出を先行させていて相対的に量的落ち込みが少なかった三菱自動車を主要顧客(10)にしていたことも幸いしたが，あくまでもトヨタ生産方式（TPS）導入，工程設計能力の向上への努力がベースにある。

二度目の危機であるリーマンショック後の2009年の世界経済危機に直面して，ステンレスの排気システムの事業へと拡大し，2010年に溶接ロボットを2台導入した。この事業は2012年に生産量が倍増し，事業拡大に大いに寄与している。この決断は，ステンレス部品加工という工程設計能力の向上を実現した。この溶接設備を活用するため，2011年から13年にかけて，独立系シートメーカー，タチエスの2次サプライヤーとして自動車シートフレームの生産を開始した。これも売り上げ増大につながっている。しかもこの溶接組み立てに加え，塗装工程を付加し，総合加工能力の向上へとつなげている。これは複合加工を軸にした工程設計能力の向上が新たな製品，顧客の獲得というドメイン

(10)　同社は三菱自動車，日産自動車に対しては1次サプライヤーの地位にある。

設計の拡大に寄与したことを意味している。

危機に際して，いかに成長を確保するかを真剣に見つめ，適切な内部体制固めと，営業活動と設備投資を実施したことが，複合加工への道へと飛躍させることにつながった。

●工程設計，ドメイン設計における複合加工の強み

ドメイン展開の項で見た通り，同社の最大の強みは単品プレスに終わらない，溶接組立，塗装まで行う技術領域を拡大してきた複合加工能力にある。プレス品をロボット等で溶接し，それをカチオン樹脂で下塗りし，パウダー塗装を施して出荷できる能力をもっている。その複合加工という工程設計能力を背景として，自動車シートの組立加工，日本ブランドのユニット家具のOEM供給，電動車いすの試作などという，加工度の高い製品分野，それを求める顧客分野へとドメイン展開している。

この複合加工は，単品のプレス品を，複雑な形状の構造物に溶接組立し，それに耐久性を向上させる高度な塗装を行うということである。いってみれば，従来の顧客がこれまで自社側で行ってきた工程への垂直統合を意味する。従って，顧客側から見れば自工程の合理化，簡略化，従ってコストダウンにつながるものであり，大いに歓迎される事業展開である。この点は市場，生産が縮小する時期にも，また逆に拡大する時期にも顧客側からはありがたい能力といえよう。

これはサプライヤーであるSP Metal Part社側から言えば，付加価値の拡大，新たな顧客拡大につながる。顧客のコストダウンを自社の事業拡大へとつなげているわけで，成長志向のWin-Win型の展開である。

さらに，この能力は顧客の多角化，製品設計能力，販路，マーケティング能力が不可欠とは言え，自社独自の最終製品へとつなげ，ドメインをさらに展開する事も可能になるであろう。

● 自動車と電機の二分野に立脚する自由度の高いドメイン設計能力

多くの2次，3次サプライヤーは，たとえば自動車専業，電機専業と特定産業分野を主要フィールドとしているが，同社はもともと電機メーカーへのプレス品から創業したことをきっかけとして，二つの成長領域をその顧客としている点は強みであった。電機の顧客に対しては比較的単純な構成のプレス部品，自動車の顧客には複雑で，強度を擁するプレス部品を供給してきた。

これは好不況のビジネスサイクルをうまく補完する形でドメイン展開を可能にすることにつながったと思われる。事業を安定化させ，経営を安定化させ，新たな挑戦を容易にさせたものと想像できる。

② Mahajak社（T11）

〈熱間鍛造ボルト製造を柱に，熱間鍛造による重要機能エンジン部品，車軸ハブ，高強度建材へ展開とともに冷間鍛造への展開〉

工程設計能力：(4)　製品設計能力：④　ドメイン設計能力：3)

1）Mahajak社の概要

図表4-8：Mahajak社の概要

本社	67/17 MOO5, CHUAMSAMPHAN RD., KOKFAD, NONGJOK, BANGKOK 10530, THAILAND.
設立	1989年
資本金	5億バーツ
経営者	Mr.Chavalit Kanchanachayphoon（President）
売上高	13億バーツ，45億円（1人当たり売上高670万円）
従業員数	673名
主要製品	ファスナー，鍛造品，機械部品など
主要な取引先	自動車メーカー（いすゞ，三菱自工，日野他），部品メーカー（タイサミット，日立オートモティブ，デンソー他），その他（二輪車用，農機用，エレクトロニクス用，建設用） 日系取引：90%，その他：10%
事業内容	自動車用ファスナーの1次サプライヤー，開発・設計，材料調達，鍛造，機械加工，熱処置，メッキ，組立冷間・熱間鍛造，熱処理・メッキ工程

出所：同社ホームページおよびインタビュー（2015年3月10日）より筆者作成。

Mahajak社は1989年に設立され，現在資本金5億バーツで，従業員673人を要する中堅企業である。売上高は13億バーツ（45億円：2015年3月）であり，一人当たり売上高670万円である。当初，日本製ボルト，ナットを扱う商社として創業，その後建設用ボルト，ナットの製造へと展開，さらに自動車エンジン用熱間鍛造部品も加え，現在では冷間鍛造まで範囲を広げている。

現在，創業者の五男，日本留学経験をもつ現MD（Managing Director）のChalum氏が経営全般をみている。2000年にISO9001，2002年にISO/TS16949を取得している。

2) Mahajak社の事業特性

間接的なものも含めれば，タイのすべての自動車メーカーと取引がある。三菱自動車を主要顧客（30%）とし，自動車車軸等のNTN，いすゞの順となる。これら自動車メーカー，1次サプライヤーなどの日系メーカーが売上全体の90%を占めている。また，分野別売り上げ構成では，自動車向け34%，2輪向け10%，自動車部品向け33%，農業用7%，建設用6%，エレクトロニクス用10%である。自動車向けでは50%が直納（1次サプライヤーの立場）で，40%が2次サプライヤーの立場，アフターマーケットが10%である。加工形態別では冷間鍛造が70%，熱間鍛造は30%である。

3) Mahajak社の工程・製品・ドメイン設計能力

● 工程設計能力

工場レイアウトなどの工程設計は自社による。もともとはボルト，ナット製造が主力であり，鍛造が主たる生産工程であった。しかし，1990年代，三菱自動車の中村社長（当時）の要請により，日系メーカーである図南鍛工との技術提携によりエンジン部品の熱間鍛造を開始した。棒鋼を熱間鍛造してCNC旋盤により切削加工して，熱処理を行う。熱間鍛造は複雑形状が可能であるが，熱処理が必要になる。

冷間鍛造の技術そのものは難しいが，ワークの特性が変化しないので歩留まりが高い点が特徴である。ワイヤーコイルの熱処理，酸洗，前処理工程は日系メーカーである神戸製鋼が担当し，冷間鍛造工程は自社，仕上げの磨きは両社による合弁企業として工場を運営している。

熱間鍛造は，2,000，3,000トン級マシンでハブケース，ピストンコンロッドの製造を行っている。熱間鍛造現場には中国製の機械が一台あるのみで，他はすべて日本製機械を用いている。

冷間鍛造ではボルト，ナット，ピン類の製造を行い，プレス機械ではプレス部品の製造を行っている。冷間鍛造の機械は韓国製（ただし日本合弁）を使用している。

金型については，冷間用は社内で設計して社外で製造，熱間用は社内で製造している。

5Sのレベルは日本と比べて低いが，熱間鍛造現場は日常的な清掃が困難な現場であるため，5Sは勿論，3Sレベルを高位に保つことは難しいといえる。

● 製品設計能力

自動車産業への供給の場合，図面は顧客より提供される貸与図による製造である。素材の指定も顧客側が行う。しかし，自動車以外のカスタマイズ特殊ボルト，ナットでは独自設計の実力もある。その点で我々はこの会社の製品設計能力には高い評価を与えている。

自動車及び同部品向けに関していえば，熱間鍛造部品はピストンコンロッドやハブケース，冷間鍛造はホイールボルト，いずれも重要保安部品であり顧客側の設計図面によるものの，設計図面を理解でき，その改善などを提案できる力を有する点は評価できる。

● ドメイン設計能力の開拓

もともと建設用ボルト，ナットの商社から始まり，その熱間鍛造，それを自動車用へと拡大し，さらに製造が困難な自動車用重要保安部品の熱間鍛造へと展開し，さらに冷間鍛造による製造へとドメインを広げた。この点は，的確なドメイン展開を主軸にしながら，技術の高度化と拡張を実現してきたことを物語っている。特定企業を中心に高機能部品に展開し，単純なものからより複雑で製造困難かつ付加価値の大きな製品へと展開する。その後，顧客を拡大するとともに，技術領域を拡大している。しかも量産規模の大きなものへとシフトしている点に同社のドメイン設計の特徴がある。

4) Mahajak社の能力構築—「壁」の克服方法と飛躍の方向性

三菱自動車などの日系メーカーとの長期の取引を核に，複数の日系メーカーが直面している困難を解決することに注力することができるという点が，同社の根幹にある。同社は，顧客である日系メーカーから見ればいわば「面倒見の良い」，対応力ある事業運営を行ってきた。このような事業展開の中で，製造困難な分野での工程設計能力を向上，拡大し，それを背景に新規分野，新規顧客へと展開するドメインの拡充を追求してきている。

● 日系メーカーとの長期取引をベースに工程設計能力を確立

日系メーカーとの長期取引を実現し，それを背景に工程設計能力を確立できたのは，二つの要因がある。一つは日系メーカー側の要請を十分理解できた日本語コミュニケーション能力である。現MD（Managing Director）自身，日本留学経験があるため日本語が堪能であり，日系メーカーとのコミュニケーションが十分とれ，その要求が十分理解できたことである。もう一つは彼自身が，重要工程で，困難な工程である熱処理に関して日本のオリエンタル・エンジニアリングという会社で研修経験があり，また技術者として新たな技術分野の難しさと可能性を理解できたことである。

また，同社は日本製機械を使いこなし，製造されたものの品質は日本品質で実現できる工程設計能力を有する。このように，多様な製品をもち，多様な加工が可能である点は，いずれも日系メーカーとの長期取引，それを背景にした技術支援の積極的活用により実現したものである。これらを強みとし高い工程設計能力を得ている。

図表4-9：Mahajak社のドメイン展開

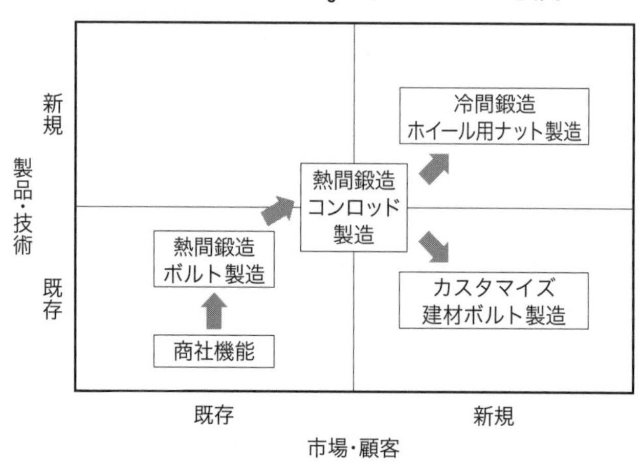

出所：同社のインタビューより作成。

●熱間鍛造部品における工程設計能力向上とドメイン設計能力の拡大

飛躍の要因は，ボルト，ナットといういわば中小企業性の高い，単純な製品の製造から，以下に述べる熱間鍛造の二つの製品分野に展開したところにある。第一は90年代のエンジン部品，コンロッドへの展開である。これは日本からの輸入品であった熱間鍛造品を現地に置き換えるという三菱自動車の要請に応え，敢えて高度な技術を要求される分野へシフトしたことである。その過程で，図南鍛工という日系メーカーからの技術移転を受けながら，工程設計における技術的研鑽を図ってきた。その結果，アジア通貨危機後の経済後退局面において，十分な需要を確保できた。第二は2007年の，これも熱間鍛造機能部品であるNTNのハブへの，ドメインの展開である。コンロッド生産で確立した高機能熱間鍛造における工程設計能力の応用とも言える。今後，この技術の応用分野として，クランクシャフトなどより高度な熱間鍛造部品，その機械加工分野などへの展開が可能性としてひらけている[11]。

(11)　これらの領域への展開により2009年の建築関係の大きな落ち込みに耐えることができた。

いずれも，高い品質水準を要求される製造困難な部品である。しかし，現MD（Managing Director）があえてこの要請に対応したことが今日の飛躍に結び付いている。エンジン部品であるコンロッド，車輪を支えるハブ部品という重要保安部品において日系メーカーの要求水準の製品を製造できる工程設計における技術レベルを有することは，今後さらに他の日系メーカー，欧米企業へのドメイン展開へつながる可能性があるといえよう。

●冷間鍛造部品への挑戦

冷間鍛造部品は熱間鍛造部品に比べ，熱処理などの後処理を要し，製造が困難である。しかし，同社はあえてこの困難な分野に挑戦してきた。前に見たように，素材の前処理は日系メーカーである神戸製鋼に分担させ，加工と後処理は両社の合弁によって製造するという形をとっている。この冷間鍛造部品としてホイール用ナットを生産している。この分野は標準品で量産型の部品である。この分野での量産技術における新たな工程設計能力の確立と向上はもちろん，さらに同社の事業拡大，ドメイン拡大の可能性を広げるものと評価でき，工程設計能力とドメイン設計能力の高い評価につながっている。

●カスタマイズ要請に対応する製品設計能力

同社の基本事業は部品サプライヤーであり，その限りにおいて製品設計能力は要求されていない。しかし，我々の評価の中で製品設計能力が高く評価されているのは，その高いカスタマイズ能力にある。特にそれが現れるのは建設土木分野における大型ボルト，ナットのカスタマイズされた特注部品においてである。橋梁などの分野で特注品を設計できる部隊を整備し，カスタマイズに応じることのできる生産設備を駆使して供給している。

③ Siam Senater社 (T14)

〈自動車シート構成部品製造を主とするプレス・溶接企業。パイプ加工・溶接の自動化，専用機械開発とTPSを熱心に追求〉

工程設計能力：(5)　製品設計能力：③　ドメイン設計能力：3)

1）Siam Senater社の概要

図表4-10：Siam Senater社の概要

本社	727 MOO15, TEPARUK RD., T.BANGSAOTHONG, KING, A.BABG-SAOTHONG, SAMUTOPRARN 10540, THAILAND.
設立	1980年
資本金	250万バーツ
経営者	Mr.CHUMCHAI AUTANTIKUL
売上高	5億バーツ（2015年），18億円（1人当たり売上高583万円）
従業員数	315名
主要製品	リーフスプリング，フレームクッション組立部品，ロック組立部品
主要な取引先	日本発条，豊田紡織，いすゞなど日系企業が大部分（そのうちNHK78%）
事業内容	プレス，溶接加工中心から組立部品へ高付加価値化

出所：同社ホームページおよびインタビュー（2015年3月12日）より筆者作成。

Siam Senater社は1980年にタイ人のオーナーにより設立された比較的歴史の古い現地企業である。当初より日本発条（NHK）のタイ法人の自動車シート製造部門に，自動車シート構成部品の供給を担ってきた2次サプライヤーである。パイプ材の曲げプレス，小物鉄材プレス，溶接，組立等を行っている。

新たに豊田紡織のタイ法人へ，ハイラックスVigo（新型IMV）用のリアベンチシートフレーム製造供給を行っている。本事業のために，新たな工場建屋を設け，自社で設計した半自動ロボットラインを設置し，24時間稼働予定(2015年当時）で運用している。

売り上げは約5億バーツ（約18億円），従業員は315名（いずれも2015年当時）で，一人当たり売上高は583万円である。

2004年にISO14001，2008年にはISO/TS16949，ISO9001をそれぞれ取得している。

2) Siam Senater社の事業特性

主要製品は，リーフスプリング・クリップのような単純なものから，自動車シート構成部品であるクッションフレームアッシー，アームレストフレームアッシー，フレームクッションのように組立製品までラインナップしている。近年では，ドアロックアッシー，シートスライドアッシー，リクライニング部品のように複雑な組立の上，品質管理を求められるものへと製品の領域を拡大している。

売り上げ構成（2015年）は，リーフスプリング用クリップ30%，ブラケット類26%，アームレストフレーム16%，クッションフレーム13%，ロックユニット12%，その他3%である。売り上げの過半は依然として単純なプレスものであるが，アッシー，高度加工へとシフトを目指している。すなわち単品のプレス加工を基盤としながら，溶接，組立へと製品の加工度を上げること，精度・品質管理を要求される部品へシフトすることで高付加価値化を追求しているといえる。

主要顧客（2015年現在）は，トヨタ，いすゞに内装部品などを供給する日本発条（バンプー48%，ウェルグロー27%，バンフォー3%。計78%），豊田紡織（9%），IWCT・その他（13%）などの1次サプライヤーである。日本発条が全体の売り上げの8割近くを占める最大顧客である。

製造設備としては10-160t機械式プレス機26台，10-50t油圧式プレス機9台，ロボット溶接機19台，スポット溶接機7台，自動溶接機3台，リベット関係9台を有している。金型製造用として，CNCワイヤーカット機1台，CNCフライス盤1台，フライス盤7台，旋盤2台，ボール盤2台を有する。なお，一般的な検査・測定機器に加え，3次元測定器を保有している。

3) Siam Senater社の工程・製品・ドメイン設計能力

同社は創業当初は，リーフスプリング用クリップのような単純な構造の小物プレス品の製造を行っていたが，次第に複雑な製造を手掛けるようになった。主要顧客の製品である自動車シートの構成部品，またその組立への展開によって事業の拡大と技術の向上を図ってきた。

●工程設計能力―溶接組立の半自動化・専用機械化

同社の最大の特徴と強みはその工程設計能力の高さにある。同社は2007年から日本のJICAのプロジェクトであるAHRDP(12) に参加した。このことが，工程設計能力の飛躍的向上に寄与した。このプログラムにはタイ企業30社が参加し，表彰された7社のうちの1社に選ばれるほど，同社の活動とその成果は高く評価された。

このプログラムの活動は，3か月間を一単位として，最初の年はリーフスプリング・クリップのライン，2年目はシートフレームアッシーのライン，3年目はこれらの知見をすべてのラインに横展開した。成功企業間で自主研を実施し相互学習を行った。このとき獲得した改善姿勢は同社では，現マネージング・ダイレクター（社長）が先頭に立って現在も継続している。

工場を観察するとその5Sレベルは高く，タイローカル企業の中ではトップクラスであろう。一昔前の日本の優良中小企業の工場のような雰囲気をもっている。自動化と治具を4人のエンジニアが担当している。タイ人大学教授を顧問とし，そのほかに日本人顧問が1名いる（いずれも常駐ではない)。

また，トヨタのIMV計画に関する豊田紡織との新規取引に際して，自社のエンジニアリング専門チームによって，リアシートフレームの専用半自動溶接組立工程を設計し，運用している。

金型設計・製造は内製である。この領域の従業員は15名ほどを配備している。金型製造そのものは自動化が進んでいる。

●製品設計能力

基本的には貸与図による製造である。しかし単品プレスものから，複雑形状のプレス，溶接，組立品への展開に伴い，貸与された図面通りに製造するとい

---

(12) 2006年に始まったタイ自動車産業人材育成プロジェクト。中小企業向けJICA案件。

図表4-11：Siam Senater社のドメイン展開

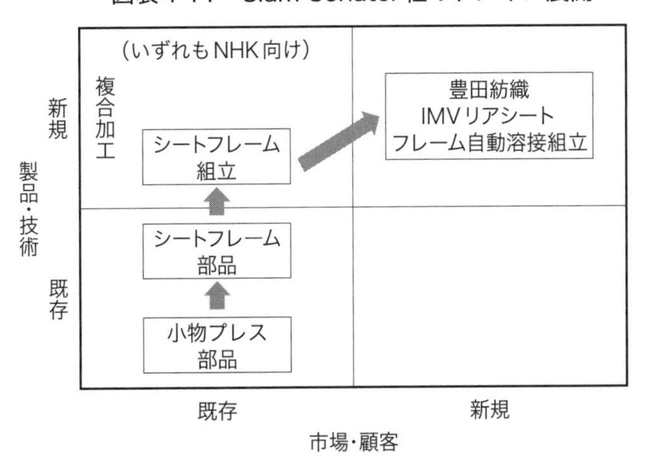

出所：同社のインタビューより作成。

う以上の要求が顧客からよせられるようになっている。また，図面通りでは組み立て段階でうまくいかず，コスト増や損失につながる事態や組み立てたものがうまく機能しない場合が生じることがあるという。このような事態に対して，同社側から顧客への提案を行うことは少なくない。ただし，その場合も全体の図面の変更に及ぶような変更ではなく，同社の製造にかかわる部分的な変更，形状の変更である(13)。これらの変更はいずれもコスト低減に結び付くものなので，顧客には受け入れられている。近年，同社の設計能力は向上していて，提案能力も向上していることは確かであるが，承認図の方向を目指しているわけではない。

また，同社は顧客に素材変更を提案し，実施することもある。日本製素材を同級品の他国製素材へ切り替える提案などである。このような変更は比較的多い。

(13)　図面変更は顧客の日本本社の承認事項となるだけでなく，完成車メーカーの承認事項なので多大な時間を要するため，実施は現実には困難である。

● ドメイン設計能力

同社は日本発条との取引が8割程度あり，日本発条が最大顧客である。この日本発条と同等規模の顧客へと多角化することは容易ではない。したがって，同社は専門性，技術力を向上して製造品の付加価値を上げていくことと，コストダウンを継続する方向にあり，この延長で顧客の多角化を追求している。

付加価値向上に関しては，単品供給からサブアッシー，コンプリートアッシーと顧客工程の取り込みが基本方向である。ただし，他分野，製品多角化では，同様な技術を応用でき，成長性が見込める高齢者用車いす，同移動ベッドなどのアイデアもあるが，販路や材料調達の面で難題が多い。これから応用製品の開発部門を正式に作るという検討はしている。

4) Siam Senater社の能力構築―「壁」の克服方法と飛躍の方向性

このようにSiam Senater社は，タイのローカル2次サプライヤーの中で，その工程設計能力が抜きん出た優れた存在である。エクセレントサプライヤーへと飛躍した要因は，以下の4点に整理できる。

● トップ主導の改善専門チームによる高い改善能力

同社では，長期間のトレーニングと経験を積んだ改善の専門チームを育成してきた点が，工程設計能力が高く評価できる最大の要因と考えられる。しかも彼らの活動に対して会社トップが強い関心を寄せ，そのリーダーの地位にあることも大きな意義がある。これが継続的な取り組みを可能にしている。このように継続的に改善に取り組み，外部専門家の定期的な指導を受けながら，さらにレベルを上げる努力をしている点も高く評価できる。QCDレベルがタイ現地企業としては高い水準にある。半自動溶接ロボットラインの設計，運用などは，この専門チームの存在抜きには考えられない。

この専門チーム中心という点は，改善に取り組んでまだ10年ほどの会社なのでやむを得ない点であるが，現場作業員レベルの改善の取り組みは今後取り組むべき課題がある。この現場レベルが，自主的に，日常作業の中で改善に取り組んでいけるようになれば，さらにエクセレントサプライヤーとしての水準は向上していくであろう。

● 日本的工程設計能力の学習機会の活用

次に，エクセレントサプライヤーへの飛躍の機会となっているのは，日本的ものづくり能力に関する学習機会を最大限に活用していることである。それは前項の大前提になっているとも言える。具体的には次の点である。

まず，最大顧客である日本発条の存在である。この最大顧客との取引の中で，その指導を受けながら品質とコストの改善を徹底できたこと，これが第一である。顧客として厳しい条件を要求することも多かったと想像できるが，そこにしっかりと対応したことがもっとも大きい飛躍要因であろう。

第二に，歴史的にはアジア通貨危機後の生産量の激減などをきっかけに，同社から見た川下の顧客内製工程の取り込み，すなわち，溶接組立，塗装などの工程の取り込みにより，加工度，組立レベルを向上させた点である。これはコスト削減を目指す顧客側，事業拡大を目指す同社側の両面から見てメリットのある展開であった。顧客側の日系メーカーは惜しみなく製造技術を移転させ，それを同社は熱心に学習した。具体的には，単品プレスから，溶接，組立を含む，ユニットあるいは構成部品のサブアッシー，フルアッシーへと展開することにより，付加価値の拡大，事業の拡大を実現した。また，幅の広い工程設計能力へと展開するとともに，それらの管理能力，改善能力を向上させることにつながった。

第三に，タイ政府や日本政府の様々な人材育成，技術高度化のプロジェクトに積極的に参加したことである。特に，2007年以降のAHRDPへの積極参加によって，トヨタ生産方式（TPS）などの現場改善手法を獲得していった点は注目すべきだろう。これらのプロジェクトは既に終了しているが，その後，トップの強い熱意の下で，実質的な成果を求めて，自発的，継続的に取り組んでいる。

第四は，この点と重複するが，現場改善に対するトップの関心の強さがあげられる。トップの理解と強いリーダーシップがなければこのような長期にわたる取り組みを継続することは不可能であった。現トップ自らが改善チームのリーダーとして関与している点には注目したい。

●自動化工程，多工程持ちによる工程設計のレベルアップ

同社は，既存工程の継続的改善でその工程設計能力の高さを最大限に発揮しているとともに，これに合わせて，溶接組立など川下工程への展開，加工水準の高度化，顧客工程の取り込みにも熱心である。特に，新規顧客開拓に際して，加工度の高い部品納入を心がけている点にそのことが認められる。一例として，新型IMV用のリアシートフレームを新たな顧客としての豊田紡織に納入するにあたって，自前技術で溶接ロボットを用いた半自動化溶接工程を開発した点が挙げられる。この場合，従来のTPSの技術と相まって，二つのロボット工程を一人でオペレーションする工程を設計している。

このことは，工程設計能力を武器に新規顧客を開拓し，同時に新規顧客向けに新たな工程を設計している。工程設計とドメイン設計の好循環を意識的に作り出している点も高く評価できる。今後，このように少人数でオペレーションする自動化工程を自前で次々に生み出していくことを通じて，顧客拡大，事業拡大へ繋げていき，さらに同時に工程設計能力を向上させていく好循環を生み出していく可能性は大きい。

●工程設計能力を基盤にした顧客展開・ドメインの開拓

同社は既述の通り，日本発条をメインの顧客としているが，高い工程設計能力を背景に，ドメインの開拓を推進している。一つは部品加工の高付加価値化，顧客工程の取り込みと，もう一つは複合加工工程を武器にした新規顧客開拓である。いずれも高い工程設計能力があって初めて実現できるドメイン開拓である。特に注目しなければならないのは，シート製造という点で日本発条の同業でもある豊田紡織への顧客拡大である。トヨタ生産方式をベースとした工程設計能力の高さが，この新規顧客への展開を可能にした。

(4) タイのローカル2次サプライヤーの能力構築と進化経路

① 能力構築の「壁」の克服方法

エクセレントサプライヤー3社の事例を観察した結果から，いずれにも共通している「壁」の突破は次の3点にある。第1に，環境変化のもと，ドメインの拡大（既存顧客工程への垂直統合，新規顧客への展開）へ果敢に挑戦したことである。第2に，その背景に，ものづくり能力の向上，特に工程設計能力の向上を徹底してきたことである。トヨタ生産方式（TPS），改善能力を真摯に進めた企業でなければ，壁を突破することはできない。工程設計能力の向上を背景に，QCDレベルを向上させ，それを競争優位にして，既存顧客工程の分担（垂直統合），新規顧客へ展開している。従って，第1と第2は相互に関連し，両者相まって実現している。第3に，それらをむしろ困難な状況，需要後退期においてあえて進め，継続させてきた経営者のリーダーシップの存在である。

1) 環境変化のもとでのドメイン拡大への挑戦

SP Metal Part社は電気系のプレス小物から事業を開始し，自動車メーカーへの直納プレス小物へ，その小物の溶接組立へ，さらにより構造の複雑なシートフレームなどの高度な塗装も含む複合加工へと事業を拡大し，OEMながら日本市場向けの最終製品にまで拡大してきている。

Mahajak社は，元々ボルトを輸入販売するに商社に過ぎなかったが，日系自動車メーカーである三菱自動車との長期的な取引を基盤にしながら，部品サプライヤーへと転換し製造分野を拡大してきたし，製品分野を拡大してきている。

Siam Senater社は小物の単品プレスを業としながらそのコンプリートアッセンブリーへと工程の加工度を上げていくとともに，日本発条という従来顧客に加えて，豊田紡織という新たな顧客へと事業を積極的に拡大してきた。

全体を概観すると上述した通りだが，環境の変化の様相に応じた事業拡大の様相は若干異なる点にも留意が必要だろう。まず1990年代後半の通貨危機に伴う，予期せぬ需要の大幅な減退に対して，新たな顧客，市場の拡大を追求し，その後の事業拡大につなげている。さらに，2000年代に始まる需要拡大の過程で，新たな投資や挑戦により，顧客・市場と技術的能力の拡大を図っている。つまり，変動の大きな環境に対して積極的に適応しようとする姿勢が極めて強い。環境変動を危機あるいは機会と鋭敏に認識し，経営資源の過剰，あるいは余裕を的確に，顧客，市場あるいは製品，技術の拡大につなげている。

1990年代後半の通貨危機あるいは需要減退期には，従来技術を新規製品へ展開する，いわゆる市場開発型，顧客拡張型の展開を行っている。すなわち，危機の時期に，SP Metal Part社は小物プレスの製品分野を自動車シート以外の家電製品などへ拡大を実現している。また，Mahajak社は熱間圧延標準品から熱間圧延だが顧客特注品である橋梁建設用ボルトなどの土木建設分野に展開している。新たな設備投資を回避しながら，製品，市場の拡大，多角化を追求している。

これとは異なり，市場成長期で経営資源，特に資金的に余剰が生じた段階では，むしろ設備投資を積極化しながら，新たな技術の取り込み，さらには新たな製品の取り込みを図る行動に出ている。SP Metal Part社は，プレスに加え溶接工程，しかもロボット化した工程により，より加工度の高い組立製品，金属家具の最終製品への展開を図っている。Mahajak社の場合は，これまでの熱間圧延から，より技術的に困難な冷間圧延へ，日系メーカーとの提携を軸に展開している。また，Siam Senater社はプレス部品の溶接組立ロボット工程を自ら設計し投資している。

このように，エクセレントサプライヤーはいずれもドメインの拡大を着実に実現している。これらの点がなぜ可能になったのか。それは次項で述べる，工程設計能力向上を可能にした技術の拡大と向上が基盤にあったからである。

2) 工程設計能力の不断の向上

上述した各社のドメインの拡大，事業の拡大は，まずは，改善を柱にしながら工程設計能力の不断の向上を背景に，単に従来からの同一技術の同心円的拡大に終わることなく，加工度の向上，より困難な加工工程へと果敢に挑戦してきたことにより実現できた点に注目すべきである。それなくして，各社の事業の拡大，ドメインの拡大はありえなかった。すなわち，工程設計能力の向上が新たな事業，顧客工程への新たな垂直統合，あるいは新規顧客の獲得をもたらしているのである。

たとえばSP Metal Part社は単品プレスから複合加工へという発展経路をたどった。具体的にはステンレス排気システムという複雑で，これまでの技術とは異なる難加工部品の複合加工へと展開している。

Mahajak社は熱間鍛造部品をさらに高難度なエンジン部品に拡大し，それに伴う，技術提携による学習と機械加工のための投資を積極的に実施した。

Siam Senater社はリーフスプリング周りのブラケットなどの，比較的単純なレベルのプレス小物からスタートしたが，複雑で仕上げの精度や使用上の耐久性も要求される自動車シートフレームに展開するだけでなく，自動溶接工程を自社で開発設計している。さらに，同社はトヨタ生産方式（TPS）に全社を挙げて熱心に取り組み，改善活動，それを踏まえた工程設計など，そのレベルを確実に向上させてきた。現時点の一つの成果としては，これまで取引のなかった，豊田紡織のIMV向けのリアシートフレームの自動化工程の自前設計に結実している。

特にプレス業のSP Metal Part社とSiam Senater社は，日本的生産システム，トヨタ生産方式の現場改善に極めて熱心に取り組んでおり，こうした取り組みがあればこそ，技術の高度化が単なる設備投資，設備整備だけに終わらず，競争力ある現場技術として根付いている。この点については，一般論として言えば，日本の優良中小企業のオーソドックスでもっとも基本的な展開方向と共通であるとも言える。

3) 危機下における経営者のリーダーシップ

上述の「ドメインの拡大」「工程設計能力の不断の向上」を，市場が成長する過程で行うことはそれほど難しいことではない。しかし，エクセレントサプライヤー三社に共通するのは，二度にわたる経済危機の最中で敢えてそれを行ったこと，さらに一過性の挑戦ではなく絶えず挑戦を継続していることである。

リスクを伴う危機に直面する中で，またその前後も含めた継続的な取り組みは，トップ・マネジメントの強い意志と姿勢が不可欠である。

SP Metal Part社では，現MDが危機に際して，新事業への展開を主導してきたことは既に見てきたことである。

Mahajak社では，日本語が堪能で日本留学，実習経験を有し，技術的な知識もある現MDが一貫して，顧客である日系メーカー，技術の提供者である日系メーカーとの間に立って事業展開と技術拡大・向上をリードしている。このトップの存在なくして，エンジン部品の中核の一つであるコンロッドへの展開，さらにはホイール・ハブユニットへの展開は不可能であっただろう。

現場の改善技術向上の継続は，一見トップの関与が必ずしも必要とはいえないようにも思われるが，中小企業の現場ではその関与が不可欠である。Siam Senater社の場合，現MDの存在が極めて大きい。彼が部長の地位にあった時代から，現場改善活動を牽引し続け，MDになった今もそれをさらに継続し前に進めようとしている点に注目すべきである。すぐにコストが下がり，品質が向上するものでなく，長期の継続的努力が必要な改善活動も，やはり中小企業には，特にその習慣が薄いタイの中小企業にはリスクだったと言え，トップのリーダーシップ無くしてここまで継続することはできなかっただろう。

② 進化経路における今後の課題

タイのローカル2次サプライヤーのこれまでの進化経路については，下記の三点が重要である。第一に，環境変化の波に合わせて顧客の拡大と工程の拡大を中心にして事業拡大を積極的に展開したこと，第二に，それと同期させながら技術の範囲を拡大・向上，現場改善を継続的に視点させてきたこと，そして第三に，それらを経営者のリーダーシップが推進させてきたことである。これらがエクセレントサプライヤーが壁を突破できた要因であったことを述べた。

彼らににとってこれから進化をさらに継続していくための課題は何かを考えてみたい。

まず，第一に指摘しなければならないのは，事業拡大の環境はこれまでより厳しいという事実である。これまではタイにおけるローカル2次サプライヤー間の競争は決して厳しいものであったとは言えない。むしろ，量的，質的な面では業者不足の中での競争であったといってもよい。したがって，サプライヤーとして名乗りをあげ，顧客の指導に素直に従うことにより，一定の成長を確保できたと言っても過言ではない。しかし，これから，2次，3次サプライヤーの領域での競争は二重の意味で激しくなることが予想される。一つはローカル同士の競争が激しくなるということである。技術の拡大と向上に一瞬でも気を抜けば，他社にその事業機会を奪われる可能性が今までよりは大きくなる。特に，外国人労働力，自動化などの生産現場の変化が予想される中で，適応できる現地の事業者は数多くはないだろう。次に，この競争をさらに激化させるのは，深層の現地化に対応すべく日本の2次，3次サプライヤーがタイだけでなくASEAN地域へ進出を拡大してきていることである。ローカル同士に加えて，タイやASEANに進出してくる手強い日系の2次サプライヤーとの競争に対応しなければならない。

第二にそのような競争の激化の中で，技術をめぐる競争，とりわけ工程設計能力をめぐる競争が中心になっていくということである。これまでは顧客の指導，技術提携で技術を獲得すれば仕事がついてきたところはあるが，競争の中で工程設計能力という技術の拡大と向上に自社の努力をさらに集中していかなければならないだろう。単なる設備に関する製造技術的な面だけでなく，生産技術の分野での一層の水準向上がなければ，日系の2次サプライヤーとの競争に敗退する可能性がある。現場改善，VA /VEを世界レベルで戦えるところまで向上させることが求められよう。むしろ，この点では積極的に，日系中小サプライヤーとの合弁を追求することも一つの手段と考える必要があろう。

第3に，このように考えてくると，トップの判断とリーダーシップはこれまで以上に重要な要素となる。競争への対応，技術向上への対応をどこに集中し，どの深度まで追求すべきか，厳しい判断をトップは求められるだろう。

しかし，この課題はいずれも，タイのローカルサプライヤーがグローバルなプレイヤーとしての地位を確立するための必要なステップでもあろう。今回の取り上げたエクセレントサプライヤーがこれに果敢に挑戦することを期待するとともに，さらなるエクセレントサプライヤーが生まれてくることを期待するものである。

【参考文献】

Board of Investment Thailand (2015) "*THAILAND: GLOBAL GREEN AUTOMOTIVE PRODUCTION BASE.*", Board of Investment.

川辺純子（2007）「タイの自動車産業育成政策とバンコク日本人商工会議所：自動車部会の活動を中心に」『城西大学経営紀要』3，pp.17-36.

古井仁（2007）「タイ日系企業の現地化戦略」『国際関係紀要』16(2)，pp.125-126.

黒川基裕（2015）「タイ国自動車産業の歴史的変遷―国内市場の拡大とリージョナルハブに向けての取り組み」『国際貿易と投資』27(1)，pp.57-70.

日本貿易振興機構（ジェトロ）海外調査部海外調査計画課（2017）『2016年主要国の自動車生産・販売動向』日本貿易機構.

日本貿易振興機構（ジェトロ・バンコク事務所）（2017）『タイの自動車産業 概要』ジェトロ・バンコク事務所.

新宅純二郎（2016）「日本企業の海外生産における深層の現地化」『赤門マネジメント・レビュー』15(11)，pp.523-538.

山本肇（2011）「タイの自動車産業～外資主導の輸出拠点化までの道と今後の発展の展望（第三回）」『CSM/WORLDWIDE』pp.1-4.

山本肇（2014）「ASEANの自動車産業と「タイ+1」戦略：将来展望と課題（特集 ASEANの構造変化と日本企業の現地マネジメントのあり方）」『知的資産創造』22(12)，pp.18-27.

（井上隆一郎）

第5章
中国の
ローカル2次サプライヤー

(1) 事業環境とサプライチェーン

① 事業環境の変動—世界一の自動車市場に成長

中国は，人口13億人の巨大な規模をもつとはいえ，2000年頃までは1人当たりの国民所得や購買力は小さく，自動車市場はトラックを中心とした閉鎖的な市場であった。ところが2000年代に入ると，中国経済の成長が加速し，自動車市場は年率2ケタ台の高い成長をみせるようになる。とりわけ2002年のWTO加盟以降，外資メーカーの参入が急増し，各社は，強気の生産計画を立てて最新鋭のグローバル工場を建設していった。生産能力投資が，それまで眠っていた潜在需要を喚起し，強気の生産投資が高い需要を生み出す「高度成長期」特有の好循環が形成されたのである（土屋他，2010)。

2000年以降のトレンドをみれば，初めに沿海部大都市地域が，「モータリゼーション」の局面に突入した。過去の先進国の経験を参考にすれば，自動車のモータリゼーションは1人当たり国民所得が3,000ドル程度になると，普及のテンポが加速される。中国の需要の動きは想像を超えて急成長し，新車販売台数は，2003年にはドイツを抜き世界第3位の規模になり，2006年には第2位の日本を抜き，2009年には米国を抜き，ついに世界第1位の市場に発展してきた（図表5-1)。

中国汽車工業会によると，2017年の販売台数は2,887万台であり，世界第1位の自動車市場として，圧倒的な存在感を示している。また2010年代後半の需要の動向をみると，地域的には沿海部の大都市から内陸部の地域に需要が浸透拡大し，車種別にみると1,600CC未満の燃費効率の良い小型車やSUVが伸び，クルマの人気や用途が多角化する傾向を見せている。更に今後は中国政府の政策の下で，EV（電気自動車）を中心とした「新エネルギー車」の普及を促す動きが出ている。

② 中国のサプライチェーンの特徴

中国は，世界第1位の自動車生産国，販売国であるが，メーカーの国籍別販

図表5-1：中国の自動車市場の推移（日米との比較）

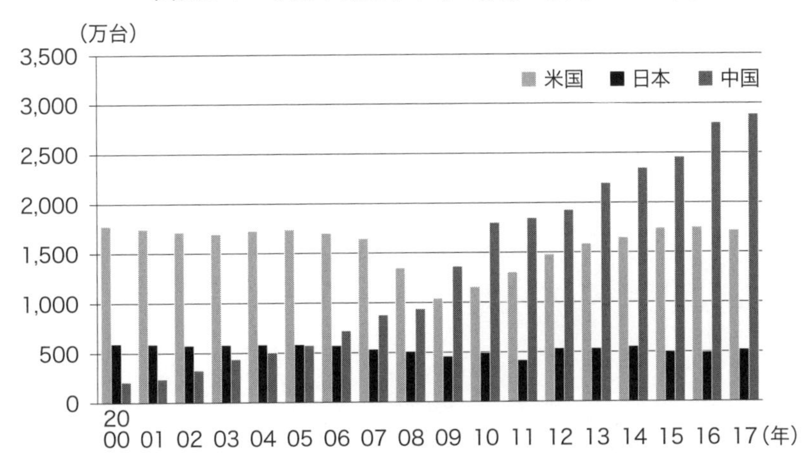

出所：日本自動車工業会，Wards Automotive Yearbook，中国汽車工業協会資料より筆者作成。

売構成を見ると中国民族系が43%，外資合弁系[(1)]が57%を占める。外資合弁系の国別構成は，ドイツ系が19%，日系が16%，米国系が12%，韓国系が7%となっている（図表5-2を参照）。約6割近くが外資合弁系であり，自動車メーカーとサプライヤーの間には，多様な取引関係が形成されている。

インタビュー調査の結果を先取りすれば，中国サプライヤーの能力構築のあり方は，自動車メーカーが中国民族系か外資合弁系かにより異なっている。また外資合弁系の場合は，ドイツ，日本など国別に取引形態が異なっており，その結果でもあるが，サプライヤーの能力構築の方法や進化の方向が違ってくる。

まず外資合弁系自動車メーカーの調達動向であるが，ドイツ系は，主要な部品企業をドイツから連れてきており，中国のローカルサプライヤーは外資系1

(1)　中国では，外資100%の自動車（完成車）メーカーの設立は原則として認められておらず，外資系は必ず中国資本の自動車メーカーと合弁企業を設立しなければならない。

図表5-2：企業国籍別乗用車の工場出荷台数（2016年）

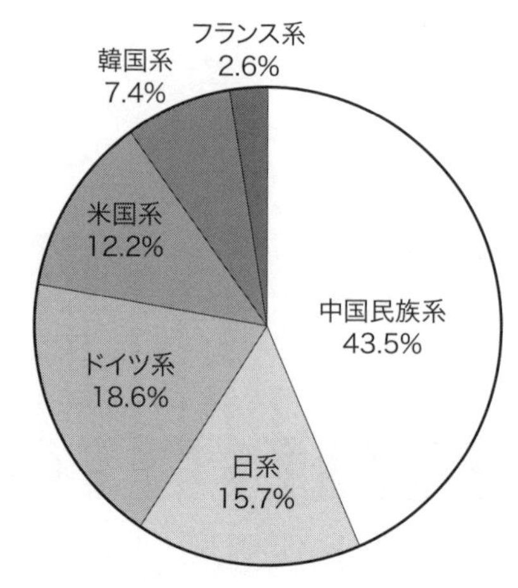

出所：中国汽車工業協会データおよび楊（2016）より筆者作成。

次サプライヤーと2次取引が中心で，取引形態は「貸与図」方式で行われる。日系自動車メーカーも1次サプライヤークラスを日本から連れてきており，中国のローカルサプライヤーは日系1次サプライヤーとの取引が多く，2次サプライヤーの位置づけとなっており，図面は貸与図方式で取引されるのが一般的である。

一方で中国民族系自動車メーカーにおいては，サプライヤーとの取引は外資合弁系とは異なる方式がとられている（藤川，2014及び土屋他，2017）。歴史的にも後発生産国の中国では，エンジンをはじめ主要な部品を組合せ部品のように市場から調達する傾向があり，日本とは異なる取引関係が形成されている。また後述するようにサプライヤーとの関係は1次，2次の仕切りわけが明確でなく，取引形態も「承認図的」(2) 取引が行われる傾向をもつ。ここで言う

(2) 中国の自動車メーカーは製品開発，設計能力が弱く，サプライヤーに開発や設計を丸投げする傾向がみられる。サプライヤー側から見ればメーカーの製品設計能力を補完し，共同開発・共同設計，自主開発などの「承認図的」取引が行われることがインタビューからも明らかになっている。

「承認図的」取引は，浅沼のカテゴリーの「承認図」方式と完全に同じではない。後ほど詳細に説明するが，中国の民族系自動車メーカーは，エンジンをはじめとするコア部品も外部調達し，社外部品を集めて独自の車を作りあげてきた。そこでは自動車メーカーの製品設計能力は，日本のように高くなく，メーカー・サプライヤー間の「貸与図」「承認図」取引という概念が成り立たない。

藤本（2004）は，アーキテクチャ（設計思想）論を出発点として，インテグラル（擦り合わせ），モジュラー（組み合わせ）を定義し，中国自動車産業のアーキテクチャの特徴をオープン・アーキテクチャ（疑似オープン化）と捉え，外資系製品の模倣生産や既存部品の寄せ集めを通じて，自主ブランド車を生産，販売していると捉えた。また丸川（2007）は，中国自動車産業は日欧米の「垂直統合」の産業構造と異なり，垂直統合に水平分業を取り込んだ混合型の「垂直分裂」構造と考えた。「垂直分裂」の特徴は，中国民族系自動車メーカーが自主ブランド車に搭載されたコア部品を外部から購入し，市販部品と同じように事後的擦り合わせで製造している点にあるという。

中国のローカルサプライヤーでは，日本のように自動車メーカー，サプライヤーが長期継続取引のもとで連携して関係的技能を蓄積し，能力構築が行われるという方式がとられていない。ドイツ，日本などの外資合弁系，中国民族系など自動車メーカーの国籍別差異を反映し，異なるサプライチェーンが構築され，複合的な能力構築が行われていると考えられる。

(2) 中国のローカル2次サプライヤーの特性

すでに第2章で詳述したが，ここでは中国のローカル2次サプライヤー[(3)]の特性という視点で，比較分析を再構成する。

---

(3)　対象企業のなかには，自動車メーカー向けに直納している1次サプライヤー企業もある。とりわけ中国のサプライヤーは，後述するように1次と2次の境界が曖昧で，中国民族系では1次，外資合弁系では2次のように取引関係が変化する傾向をもつ。

① ものづくり能力指向

第2章でみたように，アジアローカル2次サプライヤーの工程設計能力と製品設計能力の間には，明確な相関関係がみられる。一方で工程設計能力および製品設計能力（あわせてものづくり能力）とドメイン設計能力の関係については，一般的に工程設計，製品設計の能力構築をもとに，ドメイン設計の能力開発が進み，異種部品への多角化が行われるとみることができよう。ただしアジアのドメイン展開は，工程設計と製品設計のような正の相関関係はみられず分散している。つまり，日本・タイ・中国の国別比較でみるとサプライヤーのドメイン指向が異なる状況がみて取れる。

中国のローカルサプライヤーの事例研究の結果をみれば，現地のものづくり能力は，日本のサプライヤーとは異なるが育ちつつあることが明らかになる（第2章の散布図参照）。ものづくり能力は日本に次いで育ってきており，独自の進化を遂げてきていることも明らかなっている[4]。

日本の「ものづくり指向」は，メーカー・サプライヤーの長期継続取引をもとに関係的技能を習得し，「貸与図から承認図」方式に段階的に能力構築をはかる浅沼理論の進化経路である[5]。ドメイン開発の方向は自動車部品を中心に，自動車メーカーのグローバル化に適応し，海外に向かう傾向がある。この自動車メーカーとともに，ものづくり能力を継続的に磨き上げる傾向は，日本型の「ものづくり指向」と呼ぶことができる。

それに対して中国のローカル2次サプライヤーは，能力構築は日本の「ものづくり指向」，タイの「ドメイン指向」の中間であるが，その向かおうとしているところはタイよりは日本に近い。ものづくり能力の現状の水準は日本ほど高くないが，成長指向は旺盛である。ドメイン開発の方向は，同一部品の中国国内での地域多角化（長春地域/北京天津/上海/広州）を重視し，自動車部品

---

(4)　この点については，赤羽他（2015），土屋（2016）も併せて参照。

(5)　日本のサプライヤーインタビューでは，取引先の要請に応じて工程設計能力を常時段階的に磨き上げていくものづくり指向の能力構築は各社共通にみられ，それが徹底されているのが日本特有の指向といえる。

を中心に売上規模の拡大指向は強い。

以上の点より，中国のローカルサプライヤーのものづくり能力は，次のようにまとめられる。まず，中国のローカルサプライヤーは日本の能力構築の方向に近いが，ものづくり能力の壁を乗り越えた企業が少ない。工程設計能力，製品設計能力の壁を同時に乗り越えた企業はなく，事例研究では製品設計能力の壁（承認図作成能力）を乗り越えた2社（C14，C18）と工程設計能力の第二の壁（複数工程間のシステム設計能力）を乗り越えた1社（C15）の事例を紹介することになる。どちらかというとものづくり能力の基本である工程設計能力を丹念に磨き上げる指向が日本ほど強くない。

一方で製品設計能力は，中国民族系自動車メーカーの「承認図的」取引のもとで，壁を克服している企業もみられる[(6)]。また成長戦略としては，世界一の国内生産台数を背景に，地域別に顧客を広げる顧客多角化戦略を追求する指向が強い。また現在加工している工程の上流，下流の設備を欧米日といった先進国から導入し，周辺工程へ多角化し，売上規模を拡大する指向も強い。

アジアのローカルサプライヤーに共通することであるが，中国の経営者の企業家精神も旺盛である。また資金調達力にも優れ，ものづくり能力の不足があれば，社外資源を活用し，能力不足を克服する傾向は共通している。長期指向の内生的成長を指向する日本のサプライヤーとは，やはり異なっているのである。

② 顧客の企業国籍別に異なる取引形態と能力構築

本研究で対象にした長春地域は，中国の民族系自動車メーカー，第一汽車の主力拠点であり，一汽VW，一汽トヨタなどの外資合弁系会社が立地し，企業国籍別重層的なサプライチェーンが形成されている。長春地域のサプライヤーは，ドイツ系自動車メーカー（一汽VW）との取引を基本軸に，一汽トヨタな

(6)　但し中国の「承認図的」取引のもとでは，中国系自動車メーカーの要求水準が日本ほど高くなく，日本と同等の「承認図」取引の能力が構築されているか明らかではない。

ど外資合弁系及びその系列の1次サプライヤーとの取引が主力である。また並行して中国民族系の一汽轎車，吉利汽車，奇瑞汽車との取引が行われている。

自動車メーカーとサプライヤーの取引関係は，主としてドイツ系，日系，中国民族系の三種に分類できる。自動車メーカーの企業国籍により，取引形態が異なり，関係的技能や能力構築の方法が異なる点に注目すべきであろう。

中国のローカルサプライヤーは，ドイツ，日本の自動車メーカーとの「直接取引」は少なく，外資合弁系の場合は1次サプライヤーとの取引が中心であり，2次サプライヤーとして貸与図取引が基本である。ドイツ系は貸与図通りの厳密な工程設計，生産活動を求める。もちろん図面は，ドイツで作成され，変更の余地はない。一方で日本との取引も，1次サプライヤーとの取引が中心であり，貸与図が基本となる。ただし工程設計，生産活動ではドイツの「指示通り」の対応とは異なり，ローカルサプライヤーのきめ細かな改善活動，VA/VE活動が重視され，上位の日系1次サプライヤーがローカル2次サプライヤーを支援する傾向がみられる。

次に中国民族系自動車メーカーとの取引は，日系やドイツ系などの外資合弁系とは大いに異なっている。第一に，1次と2次の境界が曖昧であり，多くのローカルサプライヤーが中国民族系自動車メーカーとの直接取引を行う事例がみられる。サプライヤーには，試作品開発，共同開発，自主開発などを組み合わせた取引が行われる傾向がある。

第二に中国民族系自動車メーカーとの取引は，貸与図方式でなく「承認図的」方式の取引が慣行化している。現地のインタビューでは，「中国の民族系自動車メーカーはサプライヤーに対して公差を規定することが少ない」といい，メーカー側から厳密な貸与図を提供する傾向が少ない(7)。総じて中国民族系は市販品部品をもとに組み合わせ活用する方式がとられ，機能と部品の厳密な擦り合わせが行われていない。従ってサプライヤーとの取引では，自動車

(7) 2015年8月15日吉林市で実施した中国系完成車メーカーの日本人の技術責任者からの面接調査で得られた情報に基づく。

メーカー側からは厳密な貸与図を提供することが少なく，共同開発を伴う「承認図的」な取引が行われる特徴をもつ。それらの方法は，日系自動車メーカー，サプライヤーの取引関係，ものづくり能力の構築方法と大いに異なっているのである。

(3) 中国のエクセレントサプライヤーの事例研究

① C14有限公司

〈フェルト・発泡樹脂加工の特殊工程に強み，6Sの導入による整理された工場運営〉

工程設計能力：(5)　製品設計能力：④　ドメイン設計能力：3)

1) C14有限公司の概要

図表5-3：C14有限公司の概要

本社	長春市緑区経済開発区
設立	1998年
資本金	50万元
経営者	取締役理事長（男性），合資企業の管理者出身
売上高	2.9億元（58億円）～1人当たり売上高1,387万円（2015年）
従業員数	418名（内技術者数40名）
主要製品	座席の発泡樹脂加工品，フェルト加工品，金属部品など
主要な取引先	シート大手（1次サプライヤー），FJC・一汽VW・富維・中国リアなど ドイツ系・米国系・日系・中国系（12～18社）
事業内容	射出成型，フェルト加工（プレス），金属加工，塗装など

資料：会社案内及びインタビュー調査（2016年3月23日）より筆者作成。

C14社[8]は，比較的規模の大きなローカルサプライヤーであり，自動車の座席，シートに関連した多様な部品加工を事業領域としており，発泡樹脂加工やフェルト加工を含む特殊加工に強みをもっている。専用機や治工具，ロボット

(8)　C14社は，会社の要請により実名をふせ記号表示で紹介している。

等を導入し，工程管理も行き届き効率の良い工場運営が行われている。工場内は広く良く整備されており，「安全」を加えた6S活動が展開されいる。

C14社の設立の歴史は比較的新しく，1998年に資本金50万元（1,000万円）で民営企業としてスタートした。総経理は合資企業のマネージャー出身である。本社工場は長春市に置かれているが，中国国内で自動車工場が集中している長春・上海・仏山・成都の4つの地域に製造拠点を置き，中国の主要な自動車メーカーおよび1次サプライヤーに幅広く対応し成長してきた。

同社は，シートの内装部品の研究開発・生産が主たる事業分野であり，主力取引先は米国のシート関連グローバル企業（1次サプライヤー）であり，同社の2次サプライヤーに位置づけられる。当該1次サプライヤーをはじめとする自動車メーカー，1次サプライヤーなど12〜18社が主要な取引先である。主力取引先である米国のシート関連1次サプライヤーは，世界一のシートメーカーで日本のシートメーカーも買収し，中国事業に資源を集中し成長してきた。C14社は当該企業との取引を中心に，また最近では取引先を日系にも広げてきている。

C14社の売上高は，2015年で売上高2.9億元（58億円），1人当たり売上高1,387万円と比較的高い生産性を実現し，付加価値の高い企業でもある。

2) C14社の事業特性

C14社の従業員数は418名と2次サプライヤーの中では規模が比較的大きく，単品加工型の企業の枠を超えている。発泡樹脂成型加工，フェルト加工，座席のワイヤー加工など，座席シートに関連した部品の複合加工や一部の組立も取り込んでいる。また，中国民族系自動車メーカーとの取引では，「承認図的」な取引方法がとられており，全体としては複合的な取引となっている。

主な工法は，射出成型，フェルト加工，金属加工，塗装などが主要な工程であり，シート部品加工の上流から下流にかけての工程を広くカバーしている。とりわけ発砲樹脂成型，金属加工など特殊加工の領域に専用機械を導入し，付加価値の高い部品加工を手掛け，設備関連技術の能力開発に強みをもつ。

3) C14社の工程・製品・ドメイン設計能力

● **工程設計能力**

C14社において，外資合弁系を中心とした貸与図方式の取引では，生産上の不合理を是正する工程設計上の提案は良く行われるが，主力の米国系・ドイツ系では採用されるケースが少ない。中には，射出成型後の取り出し不良の改善の事例もみられるが，図面そのものの変更よりは工程改善にかかわる提案が中心である。

一方で中国民族系を中心とした「承認図的」の取引では，材料や図面に関連した提案が行われる場合もある。たとえば，材料面ではプラスチックの強度の関連でポリプロピレン樹脂からABS樹脂への転換を提案した事例もある。

C14社は，製品図面を受けてそれ以降の工程設計能力面では多くの強みをもっている。たとえば座席，シート部品に使われる発泡プラスチック加工やフェルト加工の領域では，専用機の開発や治工具の工夫などで差別化した強みをもっている。主要な取引先である米国のシート関連1次サプライヤーの要請に対応する過程で専用機や治工具を導入し，QCD（品質・コスト・納期）を改善し，生産性をあげてきた。製造部門に配置された技術者は10名おり，発泡樹脂の成型加工，フェルト加工，座席ワイヤーの機械加工などが広い工場内にそれぞれ島のように配置されており，きめ細かな工夫が施されている。樹脂成型の取り出しやフェルト加工の工程ではワークの取り出し用のロボットが導入されている点も注目されよう。

同社の設備技術の面では，顧客が要求するドイツの機械を導入している例もあるが，85%の機械は，台湾や中国の機械が導入されている。

また金型の開発設計は，同社の強みの一つであり，自社開発が基本である。また金型の製造部門には10名が所属し内製を重視しているが，現時点では45%が内製，55%が外部購入となっている。なお金型の外販は，現時点では行っていない。

●製品設計能力

米系，ドイツ系，日系などの外資合弁系との取引は，自動車メーカーが連れてきた1次サプライヤーとの取引が基本で，同社は2次サプライヤーとして取引関係をもつことになる。取引方法は，図面が供与された貸与図方式が基本であり，全取引の90％は貸与図方式が占める。一方で中国民族系自動車メーカーとは，一次サプライヤーとして直接取引する例の方が一般的であり，残り10％は承認図方式の取引となっている。

中国民族系自動車メーカーは交差を規定した厳密な図面（貸与図）を提供するケースは少なく，C14社側で製品図（部品）をもち，自動車メーカーのニーズと擦り合わせる「承認図的」取引(9) が行われる場合が一般的である。そこでは自動車メーカーとの共同開発，製品図の作成，工程設計，試作，量産に向けての一連の活動が展開されている。

なお設計・製品開発担当のエンジニア数は16名，金型部門には6名，生産部門の技術者などを含め全部で40名の人員が配置されている。

●ドメイン設計能力

同社の事業ドメインは，自動車分野の座席，シート関連部品が中心であるが，バスや電車の座席を作る場合もあり，量は少ないが製品分野の多角化も行われている。ドメイン開発の方向としては，中国市場を幅広くカバーする地域多角化と顧客多角化が基本軸である。前述した4つ（長春・上海・仏山・成都）の拠点を中心に，顧客多角化も合わせて進めている。従来の欧米系，中国民族系に加えて，最近では日系との取引開拓を重視しており，座席，シート部品の顧客層を広げていくことがドメイン開発の狙いである。地域多角化，顧客多角化を進める前提として，顧客向けの品質の安定，向上が課題である。同社の場

---

(9)　一汽轎車の技術室トップ（日本人）の話では，①中国民族系は自動車メーカー側の製品設計能力が弱い，②一方でサプライヤー側でも外資系との取引などで製品図のノウハウの蓄積がある，などの要因が重なり，日本の「承認図方式」とは異なるが類似の「承認図的」取引が一般的に行われているという。

合はもともと新鋭設備の導入を重視しており，また設備改良などにも熱心に取り組んできた。それに加えソフト面の能力向上が重要であり，不良率をコントロールすること，そのための従業員教育にも熱心に取り組んでいる。

4) C14社の能力構築―「壁」の克服方法と進化の方向性

●顧客別専用工程と6S（工程設計能力）

C14社では，経営者や幹部を中心にまとまりの良い工場運営が行われている。工場内は広く顧客ごとに工程を分け専用工程として整備し，量産効果を上げている。工場内は整然と整備されており，「安全」を加えた「6S活動」を展開し，統制のとれた工場として運営されている。

●特徴のある複合加工技術の強み（工程設計能力・製品設計能力）

同社は発砲樹脂成型加工，フェルト加工など特殊加工の領域で独自の強みをもつが，その強みは設備技術に裏付けられたものである。現在の課題として「特注設備の導入とその改良」をあげているが，同社の強みは，欧米の設備を先行導入し，設備技術の改善・改良により磨き上げてきた工程設計能力である。また同社が力を入れている金型の設計，製造技術もコア技術の一つである。

それらに加えて，同社は治工具，ロボット，検査機器などの関連技術の開発にも熱心に挑戦しており，複合されたものづくりの強みを備えている。さらに言えば，それらの技術を顧客対応で常時磨き上げていることが，独自のものづくり能力の強みとなって表れているものと思われる。

●中国系自動車メーカーとの承認図的取引（製品設計能力）

C14社は，米国をはじめとする外資合弁系1次サプライヤーとの取引が全取引の90%を占め，貸与図取引が中心である。残り10%は，1次サプライヤーとして中国民族系の自動車メーカーと直接取引が行われている。

中国民族系自動車メーカーとの取引では，エンジン等のコア部品を外部調達する慣行やメーカー側の部品設計能力が弱いことも反映し，結果としてサプライヤーの製品設計能力に依存した「承認図的」取引が行われている。そこではサプライヤーは，自動車メーカーとの共同開発，製品設計図の提案などが行われており，製品設計能力も構築されつつある。

一方で同社は日系との取引も重視しているという。日系との取引は，工程設計上のきめ細かい指導を受けやすく，能力向上の道が開ける可能性があるからである。そして工程設計能力がさらに磨き上げられれば，本格的な「承認図」取引への潜在能力も生まれてくる。

●顧客多角化と地域多角化による市場開発（ドメイン設計能力）

顧客開拓では，主要顧客である米国のシート関連1次サプライヤーとの取引だけでなく，ドイツ系，日系，中国系など18社の顧客を幅広く開拓し，安定成長を持続している。

同社の成長戦略は，広い工場を顧客ごとに仕切りわけすることにより，顧客満足度の高い効率的な生産体制を作り上げている。また世界最大の自動車生産国，中国を4つの拠点に分け製造拠点を中国各地に整備し，広大な地域特性に合わせた「市場多角化戦略」により，持続的成長を実現している。

ものづくり能力の構築以上に，地域多角化，顧客多角化による売り上げ規模の拡大は，中国のローカルサプライヤーが指向する共通の戦略であるが，同社の場合は世界最大のシート関連1次サプライヤーとの取引をいかしながら，ドメインの開発を追求できる強みをもつといえる。

② 宏宇汽車零部件有限公司（C15）

〈金属プレス2次サプライヤー，ライン化・自動化や深絞り連送プレスに特徴〉

工程設計能力：(6)　製品設計能力：③　ドメイン設計能力：2-2)

1) 宏宇汽車零部件有限公司の概要

図表5-4：宏宇汽車零部件有限公司の概要

本社	長春市経済開発区ハルビン大街1258号
設立	1960年
資本金	200万元
経営者	黄総経理（2002年入社，2代目）
売上高	7,500万元（15億円）～1人当たり売上高1,304万円
従業員数	115名（内技術者数15名）
主要製品	中小型金属プレス部品（フィルターケースなど）
主要な取引先	ドイツ系（70%），日系・米系・中国系（それぞれ6～7%）取引先数（5社）
事業内容	プレス，冷間鍛造

出所：会社案内及びのインタビュー調査（2016年3月23日）をもとに筆者作成。

宏宇汽車零部件有限公司は，1960年に中国の吉林省長春市で創業され，50年を超える歴史のある自動車部品会社である。中国の改革開放後，国有企業の民営化の動きに応じて設立された民営企業である。現在の総経理は，2002年に入社した2代目が担当しており，新事業の開発を目指して入社した。総経理は，日本と米国への留学経験がある。

同社は，主に乗用車，軽重型トラックの金属プレス部品を生産する2次サプライヤーである。冷間鍛造によるプレス加工を主たる事業領域としており，ライン化・自動化の推進や深絞り連送プレスなどに特徴のある生産ラインを構築してきた。また，子会社として物流ロジスティックの会社，合弁会社として自動車安全設備の会社をもつ。

同社の企業ミッションは，「最新技術を織り込んだ自動車部品を設計・生産・販売」することであり，経営方針として「顧客中心，イノベーションの追求，高い倫理規範」を掲げている。

2) 宏宇汽車零部件の事業特性

同社の主要製品は，金属プレス部品の製造であり，乗用車・トラックのプレス部品を冷間鍛造で製造している。主要部品は，オートリブ，ブラキット，フランジ，マフラー，ヒートシールドなどである。

同社の取引先は，外資系のテネコ社が主力である。テネコ社は米国の自動車部品のグローバルサプライヤーであり，クリーンエアー及びライドパフォーマンス製品（ライドコントロール，エミッションコントロール，ショックアブソーバー）であるが，そのプレス部品加工が主力事業である。そのほか欧州の1次サプライヤー（Man/Humel，Autlivなど）への供給もあり，中国民族系自動車メーカー（一汽）との直接取引を加え，5社の取引先をもつ。国籍としてはドイツ系が70%ともっとも高く，米国系，中国民族系，日系がそれぞれ6～7%の割合である。日系との取引は，今後の拡大が期待されている。

同社の従業員数は2015年度で115名，売上高は7,500万元（15億円），一人当たり売上高1,304万円と賃加工の2次サプライヤーとしては，比較的加工度の高いプレス部品を製造しており，技術力の高いサプライヤーに位置づけられる。また，従業員数115人のうち，技術者は15人，管理者は40人にいる。2008年以降従業員は半減してきているが，売上高は3倍増に増えてきており，生産性（一人当たり売上高）が着実に向上してきていることがわかる。

3）宏宇汽車零部件の工程・製品・ドメイン設計能力

● 工程設計能力

工程設計は同社がもっとも得意とする領域であり，貸与図を受けると自社主導で独自の工程設計が行われる。工場内には，あらゆるタイプのプレス機が63台導入されており，連続フィーダー方式の設備，ライン化やロボット化も進んでいる。また金型の設計製造は，内製化されている。特定の顧客の中には金型を指定してくる場合もあるが，それを除くと100%の内製である。金型部門の人数は，インタビュー時点で設計4名，製造18名が在籍しており，将来は外販も検討課題になっている。また，設備のライン化だけでなく，治工具の改良やロボットの導入も進んでおり，治工具・設備の開発，改良は同社の強みの一つである。

同社の生産工程及び生産ラインも特徴的である。63台のプレス機の能力は，160トンから400トン，1,500トンと大小のプレス機械を取り揃えており，一日あたりの生産能力は30万ショットである。また工程のライン化は同社が得意とするところであり，工場内に5つのラインを装備している。同社の連続プレス生産ラインは，400トン2ライン，160トン2ライン，1,500トン1ラインの5ラインとなっている。2013年には1,500トンのシングルアクション延伸機連続生産ラインを新設した点も特筆される。

同社の生産ラインで特に注目したいのは，次の3つのライン化，自動化の動きである。

①フランジパーツのプレスライン：連送金型ライン

②スタンピングライン：160トンプレスの連続ライン

③ディープストレッチング・ライン：19台の連続深絞りライン

①は連続フィーダーと400トンプレスで構成され，1分間で20ストロークの連続生産が可能である。また②は同じく連続フィーダーと160トンプレスで構成され，1分間で50ストロークの生産能力をもつ。もっとも注目されるのは，③の「ディープストレッチング・ライン」である。このラインは，主に外資系1次サプライヤー（MANN/HUMMEL長春）向けにフィルターハウジングを納入するために構築された「連続深絞り」のラインである。既存の油圧式引張機が19台で構成され，段階的に連続深絞りを実現する工程である。日産でメタルケース1万ショットの生産能力をもち，同社の工程設計能力の特徴と強みが集約された生産ラインが構築されている。

なお同社では，ライン化の動きと共に設備や治工具の改良を重視している。ワークの取り出し，移動などの際にロボットアームも導入しているが，中国製だけでなく日本製もある。また，取引先のテネコ社などの指導体制は，加工そのものより管理方式の指導が中心であり，工程設計上の工夫は同社が独自に開発してきたものである。

●製品設計能力

同社は，ドイツ系，米国系の外資系の1次サプライヤーとの取引が中心である。取引先は5社であるが,「貸与図方式」が100%の2次サプライヤーである。設備のライン化など，工程設計能力に優れた会社であるが，本格的な製品設計能力を有するわけではなく，主に工程設計面にかかわるVA/VEの提案活動に注力している。

● ドメイン設計能力

同社のドメイン能力の開発は自動車部品に集中し，専門指向が強い。その点で日本のものづくり指向に近く，自動車部品のプレスに集中し，設備技術を中心に工程設計能力を磨き上げてきた。また，中国の国内市場が大きいため，顧客多角化で成長してきた。

リーマンショック以降，従業員数を段階的に減らす一方で，設備機械やライン化への投資により売上高は増加基調をたどり，生産性の向上が急ピッチで進められた。因みに2008年当時の一人当たり売上高は176万円に過ぎなかったが，2015年現在では991万円まで向上してきた。顧客多角化を背景に，自動化，ライン化の設備投資により，省力化，効率化の効果が大きく寄与し，生産性を向上させてきた。

4) 宏宇汽車零部件の能力構築―「壁」の克服方法と進化の方向性

● 高度設備機器導入による連続深絞りラインの実現（工程設計能力）

同社は，2000年代の初めには典型的な貸与図による賃加工のプレス加工のサプライヤーであった。その後，中国自動車市場の成長に合わせ，プレス機械及び関連装置への設備投資を強化し，ローカル2次サプライヤーの中では比較的高い加工度をもつ優良サプライヤーに成長してきた。

同社の工程設計能力の特徴をあげれば，工程の「自動化，ライン化」である。具体的には，前述した①フランジパーツのプレスライン：連送金型ライン，②スタンピングライン：160トンプレスの連続ライン，③ディープストレッチング・ライン：19台の連続深絞りラインなどである。中でもフィルターハウジングを納入するために構築された「連続深絞りライン」は，油圧式引張機が19台で構成され，段階的に連続深絞りを実現する工程であり，同社の工程設計能力や設備技術能力の強みを端的に表している。

●顧客別ニーズへのきめ細かい対応（工程設計能力・ドメイン設計能力）

同社の工程設計能力を徹底追及する能力構築のあり方は，日系サプライヤーにも相通じるものがある。顧客である外資合弁系サプライヤーのニーズにきめ細かく対応したこと，多様なプレス機械への投資，自動化・ライン化への投資などが，顧客層を広げ，「複数工程間のシステム設計」の壁を克服した要因でもある。

現在の主力取引先は，ドイツ，米国の外資系が主力であるが，日系1次サプライヤー，中国民族系自動車メーカーとの取引を広げつつある。

また中長期的にみれば，同社の高い工程設計能力を有効活用し，工程の多角化を進めるだけでなく，治工具・設備機械の開発や自社製品化などで事業規模の拡大を図ることも持続的成長のために有効となってくる。同社の強みである金型の設計製造の強みをいかした金型の外販も新たなドメインの開発という点で有望なビジネスと考えられる。

●広域的商圏を見据えた投資戦略（ドメイン設計能力）

一般的に，中国の規模が比較的小さな（100人前後）ローカルサプライヤーでは，ドメイン開発の方向が特定の地域内において「顧客多角化」の戦略に留まる傾向がみられた。しかし中国東北地域では，北京・天津への展開，日系の1次サプライヤー・自動車メーカーの取引拡大を推進しているサプライヤーは多い。同社も類似のパターンである。

同社は，第一汽車の拠点である吉林・長春など中国東北地域の中でドイツ系との取引を中心に冷間鍛造関連の工程設計能力を磨き上げ，顧客の多角化を追求する中でドメインを開発してきた。2015年当時，東北地域では景気の減速と自動車需要の低迷の問題が生じており，中国東北地域に限定してドメイン開発を進めるには限界が生じていた。中国の場合，国内市場が大きいので，吉林・長春地域から北京・天津などへの地域多角化は，日本の「グローバル化」に匹敵する。

また顧客開拓面では，現在は外資合弁系のドイツ，米国の取引が中心であるが，中国国内のシェアを拡大し，成長が期待されている日系メーカーを意識的に拡大している。

更に顧客開拓を推進するためには，冷間鍛造と関連の深い金型技術（開発製造），溶接等周辺の工程を強化し，工程の多角化を推進することも必要となる。したがって同社では，今後の経営戦略として冷間鍛造技術を中核に周辺工程に加工領域を広げ，ユニット部品の加工，組立などの付加価値の高いビジネスを取り込む方向にある。

③ 巨発金属部件有限公司 (C18)

〈精密プレス企業，プレス・溶接の自動化，専用機械化に強み〉

工程設計能力：(5)　製品設計能力：④　ドメイン設計能力：2-2)

1) 巨発金属部件有限公司の概要

図表5-5：巨発金属部件有限公司の概要

本社	吉林省西部新城開発区寶来街1266号
設立	1993年
資本金	500万元
経営者	宋杰（51歳）（第一汽車出身）
売上高	5,800万元（11.6億円）～1人当たり売上高1,234万円
従業員数	94名（内技術者数6名）
主要製品	ボディ・プラットフォームの板金プレス（60品目）
主要な取引先	一汽VW，天津トヨタ，長春豊越，台湾国瑞など ドイツ系（60%），日系（40%），取引先数（4社）
事業内容	プレス，溶接，金型の製造，メンテナンス

出所：会社案内及びインタビュー調査（2016年3月25日）をもとに筆者作成。

巨発金属部件有限公司は，吉林省長春市の工業団地の一角に立地している金属プレスの2次サプライヤーである。プレス・溶接の自動化，専用機械の開発に強みをもつ中小のプレス企業である。

総経理の宋氏は，かつて第一汽車の工具分公司に所属し，機械加工担当のエンジニアであった。第一汽車は，1991年にVWと合弁でジェッタの生産を開始する。巨発金属部件は1993年に設立された会社であるが，一汽VWに対してジェッタのプレス部品を納めてきたという。その後，同社は自動車メーカーとの取引も行いながら事業規模を拡大させてきた。

同社の資本金は500万元（1億円），従業員数は94名，売上高は2015年度現在で5,800万元（11.6億円）であり，典型的な中小のプレス・溶接加工のサプライヤーである。規模や加工領域から見れば，典型的な2次サプライヤーであるが，自動車メーカーとの直接取引も相当量あり，後ほど説明するように自動車のボディ・プラットフォームの部品のプレス・溶接・金型製作を担当しているサプライヤーと位置づけられよう。1人当たり売上高1,234万円と中国のサプライヤーの中では比較的高く，付加価値の高い精密加工に強みをもつ企業である。

同社の認証取得の状況については，2001年にISO9002，2011年にISO14001，2013年に自動車部品に関連したTS16949を取得している。また2014年には，一汽VWから優良サプライヤー（A級）としての認定を受けている。

2) 巨発金属部件の事業特性

同社の事業は自動車部品の製造を担当しており，一汽VW及び系列1次サプライヤーを中心にボディ・プラットフォーム部品の板金プレス品を納入している。プレス以外に溶接を加え，また金型の設計製造のノウハウをもつ点が同社の強みであり，部品の数は60品目に及ぶという。

主要な取引先は外資系の自動車メーカー・1次サプライヤーであり，一汽VW及び系列1次サプライヤーが全取引の60%，トヨタ及び系列1次サプライヤー（トヨタ天津・長春・国瑞（台湾）関連）が40%を占めている。したがって取引形態は，自動車メーカーとの直接取引を含む1次サプライヤーおよび2次サプライヤーとしての取引が行われている。一方で取引先は，自動車関連に限られており，貸与図方式に基づく賃加工取引が中心である。同社は「プレス・溶接・金型」の三つの技術加工を担当する精密プレス加工企業といえる。

3) 巨発金属部件の工程・製品・ドメイン設計能力

●工程設計能力：プレス・溶接の自動化・専用機化の推進

同社の能力構築の特徴は，日系メーカーとの取引が多く，その指導の下で工程設計能力を向上させてきていること，プレス・溶接の自動化・専用機械化などに代表される設備技術面にある。

まず工程設計は基本的に自社主導で行われている。試作開発や量産前の各局面でVA/VE提案が行われるだけでなく，量産以降も逐次QCDの改善，改良活動を行っている。たとえば工場内ではプレス工程のなかで，「4段階の連送型プレス4台，順送プレス1台」が主力の機械であるが，そこでは日々工程設計能力の改善活動が行われている。

また，プレス・溶接工程における自動化の例としては，溶接ロボットを2台導入していること，順送プレス2台のワークの取り出しを自動化していることなどがあげられる。プレス機械は中国製であるが，日本製のロボットを組み合わせて半自動化・専用機化している。またその前提として治工具の改良や改善は，自社設計が基本で，同社の強みの一つとなっている。検査装置は，自社設計の機器を活用している。

加えて，金型の技術も同社の強みである。金型部門は，設計3名，製造7名が所属し，14台のCNC設備を装備している。月間16セットの製造能力があるという。

●工程設計能力・製品設計能力：日系との取引におけるVA/VE活動

日系自動車メーカーおよび系列1次サプライヤーとの取引においては，量産立ち上げ以降においてもきめ細かな改善・改良を求められ，顧客が工場現場にも足を運んでくる。日系の取引先は，サプライヤーが求めれば，工場の現場に来てサプライヤーへ適切な指導を行ってくれる。つまり工程設計能力を中心に，メーカーとサプライヤーが連携して能力構築を推進する点が，日系との取引の良い点である。

同社における工程設計能力の向上を目指したVA/VE活動では，一汽トヨタ（天津・長春）および系列1次サプライヤーとの取引において，いくつかの成功事例が出ている。たとえば，図面や金型設計へのフィードバックの事例として，カローラ・RVのエンジン部品の順送プレス工程に従来は3人が張り付いていたが，トヨタのアドバイスで2人に削減し生産性を向上させたという。また，塗装工法の変更（メッキから電気塗装へ）でも，同社の提案やメーカー指導の成果が表れているとのことである。

同社の製品設計図面をみれば，外資合弁系自動車メーカーおよび系列1次サプライヤーとの取引は，基本的に「貸与図方式」の取引が中心に行われている。一方で工程設計は同社の領域であり，同社が中心になって工程設計を行い，品質，コスト等の改善に向けてVA/VE提案も活発に行っている。

近年は，ドイツ系と並んで日系（トヨタおよび系列1次サプライヤー）の取引が拡大してきているが，日系はサプライヤーによるVA/VE活動を重視し，積極的な提案を評価する考えをもつ(10)。また，その結果，サプライヤーの製品設計能力の潜在力も高まる。日系との取引にはこうしたメリットがあるため，最近同社はマツダから委託生産を請け負っている一汽轎車との取引を重視している。

● ドメイン設計能力

同社の事業ドメインは自動車のプレス部品に特化しており，地域的には長春，天津地域に集中していたが，近年は，プレス工程の川上・川下に展開し，溶接・金型の製造・メンテナンスを加え，加工領域を広げている。今後のドメイン開発は，新規顧客を開拓するだけでなく，加工領域も広げ，加工品目を現

---

(10)　同社のVA/VE活動は，トヨタの指導が浸透しているようで，工場内にはトヨタ流のA3図による改善点が明示され，常時PDCAにより改善活動を展開しているとのことである。

在の60品目から少しでも増やし，売上規模を現在の6,000元から1億元に拡大する計画である。

顧客多角化の戦略としては，マツダの委託生産を請け負っている一汽輛車及び日系自動車メーカー，系列1次サプライヤーとの取引の拡大を重視している。日系メーカーとの取引は，共同開発やVA/VE提案活動を通じて工程設計面での能力構築が進むことから，売り上げの拡大だけにとどまらず，人材育成面でもプラスの効果が期待できると同社では考えている。

4) 巨発金属部件の能力構築―「壁」の克服方法と進化の方向性

巨発金属部件の能力構築の特性をまとめると，次の3つの点があげられる。

- **プレス・溶接の自動化・専用機化，金型技術の活用（工程設計能力・製品設計能力）**

同社の強みは，プレス・溶接の自動化・専用機化を進めている点にある。また同社のもつ金型の設計，製造能力は工程設計能力の向上のためにも重要な技術である。現在金型の設計3名，製造7名（14台のCNC），月間16セットの能力というレベルである。また自動化，専用機化などの設備技術力の強化を通じて，治工具・機械の自社製品の開発も実現させてきた。

- **日系自動車メーカー，1次サプライヤーとの取引（工程設計能力・製品設計能力）**

先述のように，日系との取引では，共同開発やVA/VE提案活動を通じて工程設計面での能力構築が進む。また日系との取引は，工程設計能力の構築を通じて，製品設計面での潜在能力の構築の可能性が開けるし，新たな顧客開拓，加工品目の多角化も同時に進め，持続的成長に結び付けることも可能となる。したがって，同社では意識して日系との取引を拡大してきた。現状，同社は，日本のプレス系の2次サプライヤーに近い工程設計能力を構築している企業と考えられる。

●地域ネットワークの活用（ドメイン設計能力）

同社は，中国北部の長春地域を拠点に，ボディ・プラットフォームの金属プレス，溶接を中心に，能力構築を進めてきた。また，ドイツ系の外資合弁や中国民族系の自動車メーカーやサプライヤーが主力であったが，東北地域の地域ネットワークを活かし，日系（トヨタ）との取引を意識的に増やし，2015年頃から始まった東北地域の景気の減速に対処してきた。今後は，新規顧客の開拓，加工品目の多角化など，地域を超えて新たな成長戦略を追求していく考えをもっている。

(4) 中国のエクセレントサプライヤーの能力構築と進化経路

① 取引関係・関係的技能と能力構築の特性

日本のサプライヤーの能力構築は，工程設計能力の向上を梃に製品設計能力も進化させる傾向が強い。それと共にサプライヤーによっては市販品（標準品）を開発し，顧客関係を多角化する場合もみられる。しかし中国のサプライヤーは，20社のインタビュー及び3社のエクセレントサプライヤーの事例研究にもとづけば，それとは異なる取引関係や能力構築がみられる点に注意すべきである。

まず長春地域は第一汽車の拠点であり，サプライヤーは，ドイツ系（一汽VW）との取引が主力である。外資合弁系の取引では，貸与図方式が基本である。日系は最近生産規模が拡大し，サプライヤーの顧客多角化に貢献しているが，ドイツ系・日系共に貸与図方式の取引がとられる。サプライヤーは，売り上げを上げるためには，特注品取引の顧客を複数開拓し，「顧客多角化」戦略で売上規模を拡大するのが一般的であり，ドイツ系から日系，中国民族系自動車メーカーと取引を拡大してきた。

中国ローカルサプライヤーの工程設計能力の水準は日本より低く，外資合弁系自動車メーカーの貸与図をもとに，賃加工ビジネスが行われている（宏宇汽車零部件，巨発金属部件）。比較的規模の大きな企業では，長春地域を起点に，北京，天津，上海，広州など地域を拡大し，地域多角化及び顧客多角化による成長戦略が追及されている（C14社）。

中国サプライヤーの能力構築の方法については，自動車メーカーの国籍によって異なる取引関係と能力構築がみられる点が特徴的である。

第一に，外資合弁系との取引の場合，中国のローカルサプライヤーはそれぞれの系列1次サプライヤーとの取引が基本で，2次以下のサプライヤーに位置づけられ，貸与図方式の取引が主となる。一方で，中国民族系自動車メーカーとは直接取引，「承認図的」取引関係をもつのが一般的である。つまり中国のローカルサプライヤーは，外資合弁系とは貸与図方式，中国民族系自動車メーカーとは「承認図的」方式のように，両方式をミックスした取引関係をもっている。とりわけこのパターンは，C14社のような規模の比較的大きなサプライヤーに多い（土屋他，2017）。

第二に，中国のローカルサプライヤーの中には日本ほど徹底されていないが，貸与図から承認図に向けて能力構築を目指す，日本型の「ものづくり指向」をもつサプライヤーもみられる。その傾向は，ドイツ系より日系との取引関係を指向するローカルサプライヤーに強くみられる（巨発金属部件）。

第三に，中国の民族系自動車メーカーは，歴史的にみてエンジンや機能部品ですらサプライヤーに依存する傾向がみられる。市販品を購入し，一部改善し，組み合わせて作る独自の開発，生産方式がとられてきたため，それがサプライヤーとの取引関係にも影響を与える。つまり中国の民族系自動車メーカーとの取引では，サプライヤーの側で製品設計図を用意する「承認図的」取引が行われている。この取引慣行は，中国固有の貸与図から承認図へ移行する能力構築のパスでもある[(11)]。

これらの多様な取引関係と能力構築を，一つのサプライヤーが取引先の特性に合わせて使い分けることが，中国的な特徴でもある。また中国のローカルサ

---

(11) 日本でも材料やデバイス分野で，市販品サプライヤーが承認図方式により標準品を特注品として擦り合わせる方式もある。一方で中国の場合は自動車部品全般に，市販品や標準品を活用したクルマづくりが行われているのである。

プライヤーは，タイの「ドメイン指向」に比べて日本のサプライヤーの「ものづくり指向」に近いが，一方で売上，利益の拡大の意欲が大きく，取引先や地域の多角化により売上規模を拡大する指向も旺盛である。

中国ローカルサプライヤーの経営者は，総じて規模拡大意欲が高く，資金調達力も優れている。経営資源は潤沢ではないが，社外の資源，技術ノウハウを導入し，スピーディに経営判断をする俊敏性を持ち合わせる。日本，ドイツからの設備導入，技術提携は一般的である。取引先を固定して「ものづくり指向」の能力構築をひたすら指向し，グローバル化によりドメインをある程度限定した「内生的成長」を目指す日本のサプライヤーとは，やはり異なっているのである。

② 能力構築における「壁」の克服方法

中国のエクセレントサプライヤーの事例研究をもとに，各設計能力の「壁」の克服の仕方を以下にまとめておこう。

1) 日系との取引を活用した工程設計能力の向上

中国のエクセレントサプライヤーの特徴は，日系との取引を有効活用していることである。これまで繰り返し述べてきたように，日系の取引先はサプライヤーの工場の現場に来て，工程設計能力上の指導を親身に対応してくれる。またサプライヤーによるVA/VE活動や提案も評価する考えがある。エクセレントサプライヤーの強みは，こうした日本的なものづくり思想を受け入れ，かつ日本的な支援活動を積極的に受け入れている点にある（図表5-6）。

2) 設備技術を活用した工程設計能力の最適化

中国のローカル2次サプライヤーは，日本の「ものづくり指向」とタイの「ドメイン指向」の中間形態としたが，目指している方向は日本のものづくり指向の能力構築，進化の方向に近い。日本のものづくり指向との共通性は，中国が強みとする豊富な資金調達力を背景とした工場・設備・型などへの積極的

図表5-6：中国ローカルサプライヤーの能力構築の特徴（日本との比較）

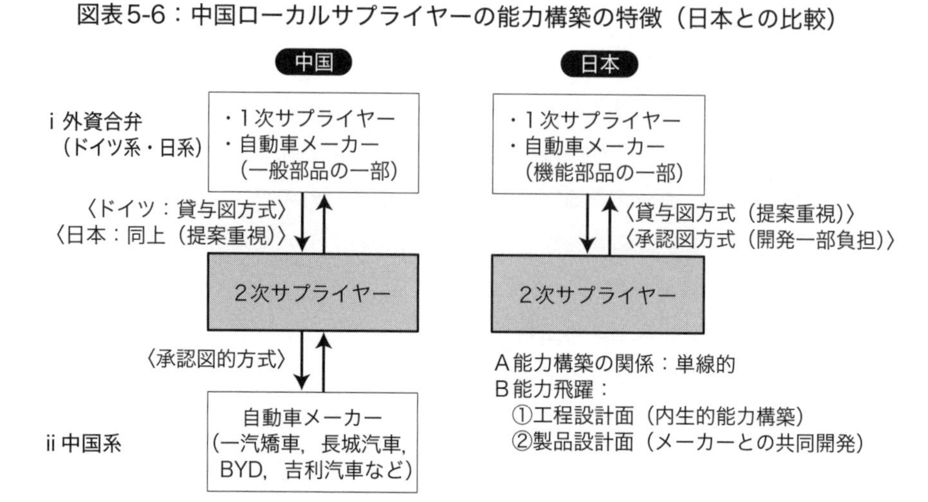

出所：日中ローカルサプライヤーのインタビューにもとづいて筆者作成。

な先行投資である。中国のローカル2次サプライヤーは，どこも広々とした敷地の中に工場をもち，設置されている設備も海外の最新鋭の機械が導入され，差別化した強みの源泉となっている。

3）承認図的取引の活用―中国民族系自動車メーカーとの取引の活用

20社のインタビューによれば，2次の貸与図サプライヤーでも，一部「承認図的」取引をもつ企業は，C14社も含め5社あった。それは，中国の民族系自動車メーカーとの取引の中で行われている。そこでの取引は，概略の製品図が渡され，設計図面をサプライヤー側で用意する共同開発型の慣行ができあがっているようである。この中国民族系自動車メーカーとの「承認図的」取引は，承認図の壁を自律的に克服する経路になりうる。

4) ドメイン能力の活用─地域多角化と取引多角化

中国のエクセレントサプライヤーは，国内の自動車市場が成長期であり，立地先の長春を起点に北京・天津に事業領域を広げ，顧客多角化により売り上げの拡大を目指してきた。また比較的規模の大きなローカルサプライヤーでは，世界一の自動車の生産規模を活用して，長春地域を起点に北京，天津，上海，広州の中国4大拠点に工場を建設し，地域多角化戦略で持続的な成長を追求している。

新規顧客の開拓では，先行するドイツ（VW），米国（GM）に加えて，日系（トヨタ，日産，ホンダ，マツダなど）との取引に注力している。日系との取引は，売上規模の拡大，ドメインの多角化にとどまらず，ものづくり能力の構築においても欧米以上にプラスの効果が期待できるからである。

③ 進化経路における今後の課題

今日，中国の自動車産業では，自主ブランド車の開発，エコカーの開発など，自動車メーカーが製品開発力を強化する局面を迎えている。しかし，製品開発は基本的に外資合弁系メーカーに支えられており，中国の民族系自動車メーカーの開発力は弱い（藤川，2014）。また市場の競争が激化する中で，メーカー，サプライヤーは連携してQCDに関する能力構築を磨き上げる局面を迎えているが，必ずしもその連携体制が出来上がっているとはいえない。

とりわけ自動車生産コストの大きな割合を占める部品に関しては，自動車メーカーとサプライヤーが連携して生産性の向上に向けて能力構築活動を強化すべきであるが，産業としてみて課題もある。中国ローカル2次サプライヤーのインタビュー調査にもとづき，以下の3点の課題を指摘することで本章のむすびとしたい。

● 中国民族系自動車メーカーの短期市場取引指向

中国の民族系自動車メーカーは，QCD意識は高いが，短期の市場取引による売上拡大，コスト削減効果を重視し，サプライヤーと共に時間をかけて磨き上げていく「ものづくり指向」が弱い。サプライヤーにとってはメーカーとの取引で「関係的技能」を媒介に能力構築をはかる好循環が働きにくい点が問題である。

● 中国民族系自動車メーカーの脆弱な製品開発力

中国の民族系自動車メーカーは，総じて製品開発能力が弱く，エンジンや中核部品においても市販部品に頼る傾向がみられる。それは，サプライヤーに対して自律的な製品設計能力向上の機会をもたらすが，一方で日系との取引のように工程設計やVA/VE活動を自動車メーカー，サプライヤーが共同で推進し，QCDを磨き上げていく能力構築のメカニズムか働きにくい状況をもたらす。

● 日系との取引の効果的活用

日系自動車メーカー及び系列1次サプライヤーは，VA/VE活動や共同開発を尊重し，人材教育も熱心であり，中国サプライヤーにとっては，工程設計能力の面で能力構築や進化が期待できる。

工程設計面での能力構築は，製品設計と強い相関関係をもち，ものづくり能力全体のレベルアップや飛躍につながる可能性があり，サプライヤーは日系との取引を効果的に活用すべきである。

【参考文献】

赤羽淳・土屋勉男・井上隆一郎・山本肇（2015）「アジアにおけるローカル二次サプライヤーの能力評価に関する実証研究」『組織学会大会論文集』4(1)，pp.108-113.

浅沼萬里（1997）『日本の企業組織・革新的適応のメカニズム：長期取引関係の構造と機能』東洋経済新報社.

藤川昇悟（2014）「中国における民族系自動車メーカーの「寄生的」なサプライヤー・システム」『産業学会研究年報2014』29，pp.137-151.

藤本隆宏（2004）『日本のもの造り哲学』日本経済新聞社.

土屋勉男・大鹿隆・井上隆一郎（2010）『世界自動車メーカーどこが生き残るのか』

ダイヤモンド社.
土屋勉男（2016）「アジアのローカル・サプライヤーのイノベーション能力に関する実証的研究―タイのローカル2次サプライヤーの事例研究を通じて」『桜美林経営研究』6，pp.1-20.
土屋勉男・赤羽淳・井上隆一郎・楊壮（2017）「アジアのローカル・サプラヤーのものづくりイノベーション能力に関する実証研究―中国サプライヤーの特性と評価を中心に」『産業学会研究年報2017』32，pp.51-67.
丸川知雄（2007）『現代中国の産業：勃興する中国企業の強さと脆さ』中央公論新社.
楊壮（2016）「中国自動車産業のものづくり組織能力の構築に関する実証研究―サプライヤーの関係的技能における日中の比較分析を中心に―」『経営行動研究学会第99回中部部会』.

（土屋勉男）

第6章
アジアローカル2次サプライヤーのイノベーション能力

本章では第3章から第5章でとりあげた各国のローカル2次サプライヤーの分析及びエクセレントサプライヤー9社の事例研究をもとに，ローカル2次サプライヤーのイノベーションプロセスを議論したい。(1) では，日本，タイ，中国のローカル2次サプライヤーの能力構築や進化経路の特徴と差異をまとめる。(2) では，エクセレントサプライヤー9社の事例研究をもとに，各国サプライヤーのイノベーションのプロセス（各設計能力の「壁」の克服の仕方）を整理する。そして (3) では，ローカル2次サプライヤーのイノベーションに必要な要素として，①環境変化の察知能力，②資源再編成能力，③リードユーザーとコア技術，④経営者の戦略構築能力とリーダーシップの四点が鍵となることを提示したい。

(1) アジアローカル2次サプライヤーの能力構築

① 日本

日本のローカル2次サプライヤーは，全般的に「ものづくり指向」の能力構築に特徴がある点を第2章や第3章では示した。能力構築に当たってサプライヤーは取引先との長期取引，信頼関係をベースに，取引先の要請に対応する中で「関係的技能」を蓄積していく。その指向は工程設計能力と製品設計能力を同時並行的に高めていくことを基本とする。

ものづくり能力の中で，工程設計能力はもっとも基軸となる要因であり，第2章の統計分析でみたように，製品設計能力とも高い相関関係をもつ。日本のローカル2次サプライヤーは，顧客である1次サプライヤーとの長期継続取引をもとに工程設計能力を磨き上げ，高いものづくり能力をこれまで獲得してきたといえる。そして工程設計能力の壁を突破するだけにとどまらず，取引先を大きく上回る差別化した能力の獲得も果たした。その結果，顧客と共同開発や顧客に対して提案ができる能力水準に達しており，自動車メーカーや1次サプライヤーに対して工程設計にとどまらず，製品開発の側面でも提案できる高度な能力獲得に成功したサプライヤーもでている。

工程設計能力を磨き上げるには，新規設備の先行投資，製造装置・治工具・型の開発などハードウエアへの投資も重要である。日本のローカル2次サプライヤーは，それぞれ得意な工程をもち，リスクを賭した先行投資を行ってきた企業が多い。そして自動車メーカー，1次サプライヤーとの取引では，VA/VEなどの提案活動を展開している。すべての提案が採用されるわけではないが，中には製品設計に着実にフィードバックされる有効な提案も出ている。最小コストで最大の機能を引き出すため，図面や仕様書の変更に結び付く成功事例も生まれている。

自動車メーカーや1次サプライヤーを超えて工程設計能力を極めれば，製品設計能力の段階的習得，承認図方式への移行の機会も出てくる。工程設計能力と製品設計能力を同時並行的に高めていくプロセスは，日本のローカル2次サプライヤーが追及する「基本ベクトル」と呼ぶことができよう。

また，自動車業界のグローバル化が進む中で，日本で生き残り，強みを発揮している2次サプライヤーは，工程設計能力の面で差別化した強みを獲得した企業である。それらのサプライヤーは，「一般部品」より「機能部品」を担当している企業が多い。機能部品は，自動車の基本機能である，走る，曲がる，止まる，安全などにかかわる部品である。エンジン，トランスミッション，ブレーキなどが機能部品にあたり，自動車メーカーが直接に内製する領域でもある。すなわち機能部品を生産するサプライヤーは，自動車メーカーと直接取引する機会もあり，1次サプライヤーとして自動車メーカーと直接取引し，共同開発する可能性ももっている。

日本のローカル2次サプライヤーは，「ものづくり指向」の能力構築を基本とするが，ドメイン戦略においては，自動車分野を基軸とする本業のグローバル化が主な手段となっている。具体的な進出先は，タイ，インドネシア，中国などアジアが中心となっているが，中には山本製作所のように米国や欧州の先進国に進出した事例もみられる。グローバル化は，取引先の多角化だけでなく，工程の多角化を生むチャンスではあるが，日本のローカル2次サプライヤーは，国内と同等の設備機械を海外に配置し，日本の強みを活かす形で，国内と同じ部品加工がとられる場合が多い。

② タイ

タイの自動車生産では日系自動車メーカーのシェアが高く，日系中心のサプライチェーンが構築されている。タイのローカル2次サプライヤーは，基本的に日系の自動車メーカー，1次サプライヤーとの取引関係をもっている。ただし最近では，日本から1次サプライヤーだけでなく2次サプライヤーも多数進出し，市場競争の圧力が増大している。このような事業環境のもと，タイのローカル2次サプライヤーは日系との取引を有効活用し，自社の競争力の向上を実現している一部の企業とそれ以外の企業で2極分化の傾向が出ている。

日系との取引に積極的なタイのローカル2次サプライヤーは，日本流の能力構築を推進している。たとえば工程設計能力では，工程改善に関わる外部機関の指導を受けたり，日本人の技術顧問をおいたり，取引先の日系メーカーから直接指導を仰いだり，日本の設備を導入したりして，能力構築をはかっている。また日系メーカー，日本政府などの支援する研修制度(1)，VA/VE活動を導入しているローカル2次サプライヤーもある。

一方で製品設計の能力構築について，タイのローカル2次サプライヤーは承認図の獲得を明確に目指しているようにはみえない。ただエクセレントサプライヤーの事例研究で分析したように，独自の工夫で承認図の「壁」を越えて来ている企業も一部みられる。たとえば，ボルトナットのMahajak社は，自動車産業分野ではないが建設土木分野での承認図の作成能力をすでに部分的に獲得している。ボルトナットは標準品としての要素をもち，多様な分野に使われることが幸いしている。ただし全体からみれば，Mahajak社のようなケースはむしろ例外であろう。

タイのローカル2次サプライヤーは，全般的に華僑資本も多くみられること，

(1) たとえば海外職業訓練協会（OVTA：Overseas Vocational Training Association）が，そうした研修機会を提供している。

経済や市場が概ね拡大基調であったこと，2次サプライヤーの層が日本，中国に比較すると薄いことなどを背景に，成長指向が旺盛である。一方でその能力構築の特性は，日本のものづくり指向とは一線を画している。タイは，ASEAN最大とは言っても，日本や中国と比べて国内の自動車生産の規模が小さく，国内だけでは成長に限界がある。その結果を反映して自動車から二輪車，エレクトロニクス，産業車両と取引先を多角化する傾向をもつ。つまりタイのローカル2次サプライヤーは，工程設計，製品設計の能力構築が十分進んでいない段階でも，自動車以外の顧客を見つけ製品多角化で領域，顧客を広げていく。いいかえれば，技術，技能の技を磨きながら，深く顧客のニーズに対応するよりも，むしろ同一技術のレベルを必ずしも向上させることなく，同レベルのまま用いて，多様な顧客，多様な分野への展開を追求していく。そして，その結果下請け賃加工のビジネスに留まるローカル2次サプライヤーも生じてくる。

③ 中国

中国のローカル2次サプライヤーは，日本に比べて工程設計や製品設計の能力構築の水準が低いこと，能力構築に当たっては先進国からの設備，技術の導入など，社外の資源や能力を活用する傾向をもつ。売上規模の拡大指向が強く，高額の海外の設備の導入にも熱心であり，そのための資金調達能力にも優れており，俊敏な意思決定に強みをもつ。技術を徹底的に極めるというよりは，規模の拡大，収益の拡大を優先し，ものづくり能力の構築をその手段と考える傾向は日本との違いでもある。

中国のローカル2次サプライヤーの能力構築は，取引先の自動車メーカー系列の企業国籍，すなわちドイツ系，日系，中国民族系の三つの取引先により異なる。関係的技能の構築方法等に差異がみられるのである。

ドイツ系はサプライヤーに「貸与図」通りの加工，生産を求め，工程設計能力の共同構築は重視しない傾向がある。一方で日系は，サプライヤーの工程設計能力の構築を重視しており，5S（整理・整頓・清掃・清潔・躾）はもちろんのこと，その他の面でもきめ細かく指導する傾向がみられる。またQCDの改善をめざしてVA/VE活動，提案活動も推奨しており，サプライヤーにとっては，その延長線上に承認図方式への移行のチャンスも見いだされる。中国ローカル2次サプライヤーのインタビューでは，日系企業との取引による事業拡大と共に，日本流の能力構築への期待を述べる経営者は多くみられた。

中国の外資系自動車メーカーおよび系列1次サプライヤーとの取引はいずれも「貸与図」であるのに対し，中国民族系自動車メーカーとの取引では，それとは異なる独自の取引が行われており，注目される。この取引方式を本書では「承認図的」取引（第5章で解説）と呼んでいる。中国の民族系自動車メーカーは最初から貸与図方式ではなく概略の製品図を渡し，サプライヤー側に製品設計の一部や工程設計をゆだねる傾向をもつ。中国民族系自動車メーカーの「承認図的」取引は，自動車メーカー側の製品設計，部品設計の能力不足を反映し，サプライヤーの方でそれをカバーするために行われているのである。中国のローカルサプライヤーは，1次サプライヤーとして中国民族系自動車メーカーとこうした取引を重ねることによって，外資系自動車メーカーに対しても承認図取引への「潜在能力」が蓄積されると見込まれる。

また，日系自動車メーカー，1次サプライヤーとの取引を通じて，工程設計能力の壁を克服し極めていけば，承認図の壁を超える経路もありうる。ある面で日本のサプライヤーが指向してきた「ものづくり指向」と同じ能力構築，進化の経路とも対応する。たとえば，巨発金属部件は，一汽トヨタとの取引を有効活用している。インタビューによると，一汽トヨタのアドバイスを積極的に導入し，工程設計能力の構築，進化に努めている。VA/VE提案活動は，取引先の日系企業もポジティブに受け入れる考えであり，日系自動車メーカーおよび系列1次サプライヤーとの共同開発，設計，工程管理の正の好循環が期待できそうである。

一方で中国のローカル2次サプライヤーは，総じて創業・設立の歴史は浅く，1990年代，2000年代の企業が中心である。したがってタイのように積極的なドメインの多角化を目指すサプライヤーは少なく，自動車分野を中心としたド

図表6-1：日本・タイ・中国のローカル2次サプライヤーの特性比較

	日本	タイ	中国
事業環境	国内自動車市場の成熟化	日系自動車メーカー中心	世界最大の自動車市場
	自動車産業のグローバル化	東南アジア自動車産業の中心	外資合弁系自動車メーカー，中国民族系自動車メーカーの併存
	有力サプライヤーへの業務集中	輸出拠点化	外資合弁系依存の製品開発
サプライヤーの経営者	創業の歴史は古い	創業は日本に次ぐ	創業は新しい（1990・2000年代）
	経営代替わり（2・3代目）	華人系の経営者が多い	自動車領域での規模拡大指向
	事業転換，自社製品化などの自立化指向は旺盛	売上拡大・製品多角化指向も旺盛	売上拡大・地域多角化の規模追求
能力構築の指向	ものづくり指向	ドメイン指向	どちらかといえばものづくり指向
	顧客・サプライヤー間での長期継続取引を通じた関係低技能の構築重視	エクセレントサプライヤーは日系との長期継続取引を重視	外資合弁系，中国民族系の取引関係で異なる複合的能力構築
工程設計能力	内生的な能力構築（設備技術等で差別的優位の獲得）	工程設計能力を極める指向が日本や中国に比べてやや弱い	外国設備の導入と能力構築，日系との取引を通じた工程設計能力の向上
製品設計能力	貸与図から承認図への進化	目立った能力構築は進んでいない	中国民族系メーカーとの「承認図的」取引を通じた能力構築
	市販品・標準品（自社製品）の開発意欲		日系との取引を通じた工程設計能力向上，将来的には製品設計能力を獲得する可能性も
ドメイン設計能力	本業のグローバル化で成長	非自動車分野への製品多角化	地域多角化を通じた顧客の多角化
「壁」の克服方法	設備技術への先行投資（工程設計能力の徹底追及）	社外資源の活用（日系取引・連携・合弁など）	旺盛な設備投資意欲と資金調達力（外資合弁系との取引の活用）
	VA/VE活動と提案（製品設計への参画，承認図方式の潜在能力）	工程設計能力の壁の突破（社外資源活用）	「承認図的」取引慣行の活用（中国民族系との取引拡大）
	機能部品のメーカー直接取引（1次サプライヤーとしての能力構築）	二輪車・建機など非自動車の成長分野への進出	日系との取引による工程設計能力の段階的向上
	グローバル化と工程多角化		
進化経路	ものづくり指向（グローバル化による規模・工程の拡大とものづくり能力の磨き上げ）	ドメイン指向（製品多角化による成長戦略の重視）	中間指向（規模拡大のものづくり指向）

出所：アジア各国のインタビュー，事例分析をもとに作成。

メイン設計の能力構築となっている。これは中国の巨大市場の強みをいかした戦略でもある。本書の調査対象企業は，第一汽車の拠点がある東北地域のローカルサプライヤーが中心であるが，規模の大きな資源に余力のある企業は，広範囲な地域多角化を追求するケースもあった。それらの企業では，規模拡大のために技術提携や取引先企業とのインタラクションを通じて技術ノウハウを獲得し，果敢な設備投資により売り上げ規模の拡大を追求する戦略が重要となってくる。一方で規模の比較的小さなサプライヤーは，地域多角化を追求するのではなく，東北地域を中心に日本と同じものづくり指向の進化経路を目指しているものもあった。

(2) エクセレントサプライヤー９社のイノベーションプロセス

ローカル2次サプライヤーの能力構築は，本書の枠組みに即していえば，工程設計能力，製品設計能力，ドメイン設計能力の3つの軸から構成されている。そしてイノベーションとは，それぞれ3つの能力に存在する「壁」を創意工夫によって乗り越えて競争優位を確保し，持続可能な経営を実現していくことである。詳細は第1章の（2）④で述べているが，改めて簡単に整理すると，工程設計能力には「製造装置・治工具・型の自社設計ができるか?」という第一の「壁」と「複数工程間のシステム設計ができるか?」という第二の「壁」がある。製品設計能力には，「自身で製品設計能力を獲得し，承認図を作成できるか?」という壁がある。そしてドメイン設計能力には「同種の部品・加工から異種（複数種）の部品・加工に展開できるか?」という壁がある。

問題は，どのようなメカニズムでローカル2次サプライヤーがこれらの「壁」を乗り越えていくのか，また各設計能力で「壁」を乗り越えるメカニズムの相互作用がどの程度あるのか，ということであろう。三つの設計能力はそれぞれ別の概念であるが，相互が完全に独立しているわけではない。いいかえれば，ローカル2次サプライヤーの能力構築は，複線的であり，インタラクティブであり，ダイナミックであるといえよう。

日本のエクセレントサプライヤーは，細かい相違点はあるものの，能力構築のメカニズムはかなり同質のように思われる。まず，工程設計能力の「壁」を超えた要因をみると，多賀製作所は，他社が専用機・量産型の生産システムを導入しているのに対して多品種少量型のマルチフォーミングマシンの導入にこだわった。それと同時に高い金型技術を生かして独自の変種変量即応体制を整えたことである。山本製作所は，金型の開発設計会社であるがファインブランキングプレス機を先行導入し，「プレス+金属加工」の同期化，高効率化を実現した。そして豊島製作所は，大中小の冷間鍛造プレスの導入や強みをもつ金型技術を生かして鋼板から冷間鍛造，増肉成型を行うことによって，高精密・高効率な一体成型を実現したことである。いずれも高度設備技術の導入で先行し，それを効率よく使いこなす技術開発を並行し，工程設計能力の第二の「壁」の突破を実現した点が共通である。ただこれは，やみくもに高度設備を導入すれば「複数工程間のシステム設計」が実現できることを意味しているわけではない。三社ともに金型の開発や専用機・治工具の開発には熱心に取り組んでおり，そこに強みの源泉が見いだされる。基本的な工程管理から地道にプロセスを段階的に経ており，基礎的な工程設計能力，設備を使いこなす能力の上に適切な形で高度設備を導入したという点は注意しなければならないだろう。

一方，製品設計能力の構築メカニズムは，三社でやや異なる。多賀製作所では，自動車分野で鍛えられた技術を梃に，類似分野の二輪車や産業機械で提案営業を活発化して，承認図に対応する1次サプライヤーとして取引を行っている。これに対し，豊島製作所は金型技術や一体成型技術を梃に製品開発にも参加している。同社はエンジン，ブレーキ等の「機能部品」を事業領域にしているため，自動車メーカーと直接取引する機会がある。また取引先を上回る工程設計能力をいかしてVA/VE提案を行い，そこから図面の変更に結び付く機会が出て，製品設計能力の構築を実現してきた。他方で山本製作所は1次サプライヤー（ブレーキ）との取引が中心で，工程設計面からのVA/VE提案が製品設計の変更にむすびつくフィードバックが働きにくい。つまり自動車メーカーとの取引が製品設計能力につながった豊島製作所や，製品設計とドメイン設計がリンクした多賀製作所と比べて，山本製作所の性格はやや異なるといえよう。

ドメイン設計能力は，三社ともにグローバル化がドメイン多角化の具体的な手段となっている。一般に，日本国内の自動車市場の縮小をうけて，自動車メーカーや1次サプライヤーは海外進出を図っていったのに対し，2次以下の中小サプライヤーは国内にとどまる傾向にあると考えられていた（元橋，2006)。そうした従来の考え方と照らし合わせれば，三社が国内事業の環境変化に応じてグローバル化を指向しているのは，比較的新しい潮流といえるのかもしれない。こうした傾向は，グローバル化が進んだ自動車，電子業界では比較的顕著で，日本のエクセレントサプライヤーに多く見られる特長といえる。また，いずれも国内で蓄積したものづくり能力を強みに，経営者の強い意思でグローバル化をはかっていることがドメイン設計の「壁」を乗り越えるための原動力になっている点に注意したい。

つぎに，タイのエクセレントサプライヤーのイノベーションプロセスに共通しているのは，次の4点である。第1に日系部品メーカーとの取引が圧倒的に多い点に加え，その要求する高いQCDの水準を実現する努力をしている点である。その努力を具体的に見ると，第2に日本製の高性能な機械を積極的に導入し，日系企業の技術提携や技術指導を受け入れていること，第3に，等身大ながら，治具やロボットなど周辺機械を，自社の設計により配置していることである。さらに，第4に，それら機械システムを使いこなすこと，VA/VEなどはじめとする，工程を改善する能力向上を，トヨタ生産方式（TPS）などの社内外の学習機会を最大限に活用し，実践している点である。そして最後に，各社でそのレベルや質に若干の相違があるものの，これらの一連の壁の突破の方向付けと推進力として経営者のリーダーシップが存在している。

第1と第2の点は，まさに第一の壁である「製造装置，金型などの自社設計・自社生産」に関わる点である。日系顧客や同業者からの技術的支援を受けながら，この壁の突破を実現してきた。第3，第4の点は，第二の壁である「複数工程間，システムにおける工程設計能力」の壁の突破に大きく貢献してきたことも明らかであろう。

それぞれの点について，今回事例研究したエクセレントサプライヤーについて見ていく。

第1の点でもっとも有効な手を打ってきたと思われるのは，Mahajak社である。最重要部品であるエンジン・コンロッドの熱間鍛造工程の習得のため，日系メーカーでの技術研修とメーカー指導を受け入れ，自社生産，メーカーへの供給を実現している。同様に，困難工程である冷間鍛造については，川上の材料加工部門を日本素材メーカーである神戸製鋼との合弁事業にして，また技術的支援を受けて事業化した。同様に，SP Metal Part社，Siam Senator社も，単品のプレスものから，複雑形状プレス，その溶接組立へと困難な技術へと拡張を果たすが，その際，やはり顧客先の日系企業の指導，技術的支援を受け入れ，自前で生産できる所までの能力を向上させている。しかもこれら，困難で，複雑性の高い技術への挑戦と向上は，製品ラインの拡大，顧客の拡大という事業ドメインの拡大，ドメイン設計能力の自由度の向上につながっている点も見逃せない。

そして，獲得した困難で，複雑性の高い技術を，常にブラッシュアップする仕組みとして，第4の点，改善活動の継続に特に注目しておきたい。Mahajak社は熱間鍛造，冷間鍛造という工程の特殊性から，改善活動の主力は，TPS的なものとは異なる形態であるが，SP Metal Part社，Siam Senator社はいずれも徹底したTPS的なライン設計，運営，そして教育，訓練を継続している。これによって，機械と人の一連の動きを同期化させる努力を絶える事なく実践している。

最後に，タイのエクセレントサプライヤーの壁の突破には，経営者のリーダーシップが重要な役割を担っている点を強調しておきたい。環境の変化を捉えて，事業展開や縮小，投資や能力構築において，適切に各社の方向付けを与えてきたのは，各社の経営者であった。各社の現在のMD（Managing Director）は，GM（General Manager）時代から，以上の活動にコミットしている。

つづいて，中国のエクセレントサプライヤーの能力構築メカニズムをまとめよう。まず工程設計能力では，最新設備機器の導入が第一の「壁」の克服に重要な役割を果たしている。たとえばC14社は欧米の複合加工設備機器を導入し，設備技術の改善を継続的に進めているし，巨発金属部件はプレスの専用機化を積極的に進めて，生産性の効率化と向上をはかっている。また設備機器導入が第一のみならず第二の「壁」，つまり複数工程のシステム化にまでつなげたのが，宏宇汽車零部件の連続深絞りラインの事例である。これらの事例からうかがえるのは，海外技術の導入や大胆な設備投資が工程設計能力の飛躍のカギといえることである。この点は，日本のエクセレントサプライヤーと共通である。ただ，設備導入を可能にした外部環境は日本と異なる。中国の場合，2010年代前半は国内自動車市場の拡大が著しく，自動車業界全体が好景気に沸いていたため，量の拡大を優先し，強気の設備投資を推進する環境があったと考えられる。

製品設計能力については，C14社と巨発金属部件が萌芽的に承認図の作成に取り組んでいる。両社は，いずれも顧客別の取引関係の中で承認図作成能力を構築しつつある。主な相手顧客は中国民族系自動車メーカーであるが，日系との取引にもチャンスが出ている。第5章で詳述したが，中国民族系の自動車メーカーは製品設計能力が弱く，サプライヤーの製品設計能力に依存する傾向が強い。中国民族系からの発注を活かしながら，自社内に製品設計能力を構築しているのがC14社である。一方で日系との取引は，工程設計能力の高度化を前提に，VA/VE提案を通じて承認図の壁を超える能力を開発する可能性が出るが，その例が巨発金属部件である。

ドメイン設計能力の構築メカニズムは，中国特有の事情が反映されている。中国市場は地理的にも広大であり，それぞれのエリア的な特性もある。また世界最大の自動車市場でもあることから，ひとつの事業分野へ参入してくる企業の数も多い。ローカル2次サプライヤーの観点からみれば，顧客や分野を絞るのか，あるいは幅広く対象とするのかの明確な方向付けが重要となってくる。C14社は規模が比較的大きく，顧客別の市場開発や地域別多角化への対応を明示的に行っていた。一方で宏宇汽車零部件，巨発金属部件は100人前後の規模の小さな加工型のサプライヤーであり，地場の東北地域を中心に顧客や商圏の拡張，多角化を重視している。

以上，ここまでエクセレントサプライヤー9社のイノベーションの実態(「壁」を克服するメカニズム）を簡潔に具体的にまとめた。つづいて各社のインタビュー結果にもとづいて，エクセレントサプライヤー9社の進化経路を我々の枠組みの中で表現してみたい。進化経路は，現在のポジションと今後の方向性からなっている。図表6-2，図表6-3，図表6-4が9社の進化経路を表したものである。今後の方向性は，点線の矢印で示した。

多賀製作所，豊島製作所はすでに高い工程設計能力を備えており，自動車分野以外では承認図を通じた売り上げも現状では一定の割合あることから，今後は承認図の取引を拡大させていく可能性が見込める。中でも豊島製作所はエレクトロニクスから自動車へ事業転換してきた歴史をもち，能力構築は進んでいる。また現状は，両社とも2次サプライヤーとしての売り上げが過半を占めるが，将来的には自動車以外はもちろんのこと，自動車の中で1次サプライヤーとしてのウエートを高めていく可能性もある（図表6-2)。またこれらのものづくり能力にもとづいてグローバル化を進めていくことで，日系以外の取引が出てくればドメインのさらなる多角化の機会も生まれてくる（図表6-3，図表6-4)。それに対して山本製作所は工程設計能力をさらに高めて，主に米国で日系以外の取引の中からドメインの多角化の機会を獲得していくとみられる（図表6-3)。

タイは，Mahajak社，Siam Senater社，SP Metal Part社ともに同じような進化経路の方向性が想定される。すでに一部の建設用ボルトで承認図のビジネスを行っているMahajak社は，今後，本格的に承認図ビジネスを拡大していく意向は低く，工程設計能力の向上をはかりながら，産業用ボルトの中で承認図ビジネスを継続していく方向にある（図表6-2)。Siam Senater社，SP Metal Part社は現状では自動車用部品を中心とするが，工程設計能力をさらに高めながら分野の多角化をはかる指向が強い。いずれのエクセレントサプライヤーも，製品開発には今後も本格的には乗り出さず，萌芽的なものをトライアル的に実施しながら，タイ国内で売り上げを拡大するために自動車以外でのドメイ

図表6-2：エクセレントサプライヤー９社の進化経路（工程設計×製品設計）

製造装置等の自社設計の壁　　複数工程間のシステム設計の壁　　承認図の壁

製品設計能力				
貸与図の部品が主で承認図の部品が従	⑥承認図あり			多賀，豊島
	⑤承認図一部あり			山本 -->
	④萌芽的承認図一部あり	Mahajak -->	C14，巨発	
貸与図の部品のみ	③貸与図への改善提案（VA/VE提案）	SP Metal -->	Siam Senater -->	宏宇 -->
実線：過去の軌跡 点線：今後の方向性 ＊点線がないのは，今後もその位置にしばらくとどまることを意味する		(4) 製造装置・治工具・型の自社設計	(5) 製造装置・治工具・型の自社生産	(6) 複数工程間のシステム設計
		生産性の向上		生産性の飛躍的向上
		工程設計の部分最適化		工程設計の全体最適化
		工程設計が自立化		
		工程設計能力		

出所：筆者作成。

ンの多角化を指向している（図表6-3，図表6-4）。

中国のC14社や巨発金属部件は，今後も工程設計能力を磨きあげることで段階的に製品設計能力を高める方向性を目指している（図表6-2）。そして工程設計能力の強化に当たっては，外国の設備を積極的に導入し，部品や工程の領域を広げ，ドメインも多角化させようとするのがC14社である（図表6-3，図表6-4）。これに対し，巨発金属部件はC14社ほどドメイン多角化の指向は強くない。日系取引を重視し，日本的なものづくり能力の構築に注力し，VA/VE提案を重視する傾向にある。一方，宏宇汽車零部件は，承認図作成能力の獲得を目指さず，現状すでに高い工程設計能力をさらに高めながら，顧客多角化や工程の多角化を追求し，商圏の広域化を図ろうとしている（図表6-3）。それは，タイのローカル2次サプライヤーの目指す方向性にも類似している。

図表6-3：エクセレントサプライヤー９社の進化経路（工程設計×ドメイン設計）

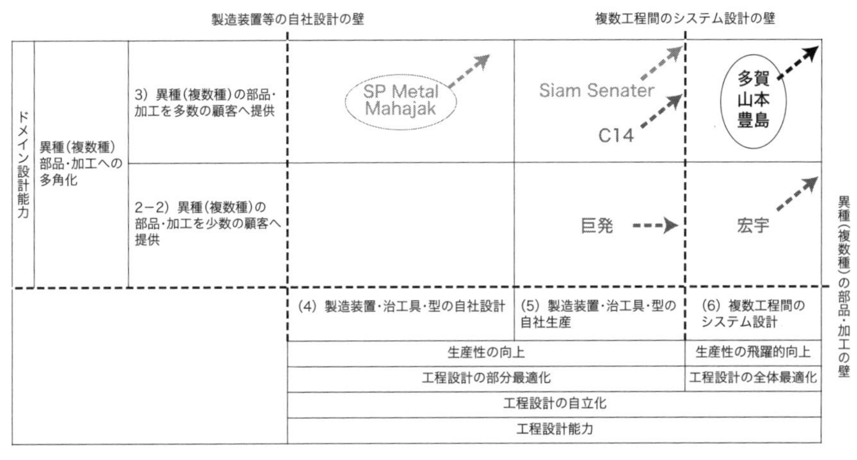

出所：筆者作成。

図表6-4：エクセレントサプライヤー９社の進化経路（製品設計×ドメイン設計）

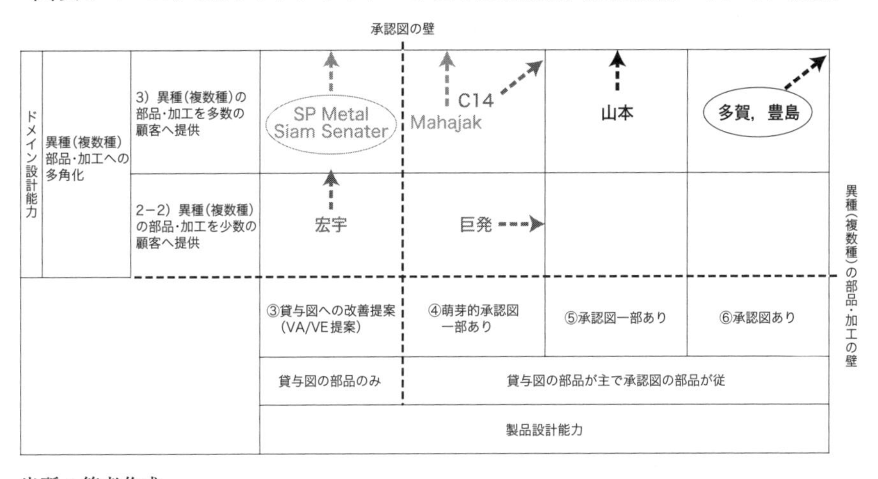

出所：筆者作成。

以上の分析をまとめれば，すべてのエクセレントサプライヤーが今後も工程設計能力の向上を目指す点では一致している。工程設計能力は，顧客である1次サプライヤーがもっとも重視する「関係的技能」であり，そのことがエクセレントサプライヤーの事例研究からも確認されたといえる。一方，製品設計能力とドメイン設計能力については，サプライヤーによって方向性が分かれた。おしなべて日本のエクセレントサプライヤーは，工程設計能力を徹底追及する中で，製品設計面でも一定の能力構築を果たし，高いドメイン設計能力も獲得しているが，今後もそうした方向を維持，強化する点で一致している。一方でタイのエクセレントサプライヤーは製品設計能力の追求指向は弱い。主に工程設計能力とドメイン設計能力の二つを基軸に，将来的な成長戦略を検討しているふしがある。そして日本とタイの中間形態にあるのが中国のエクセレントサプライヤーである。本節の（1）ではローカル2次サプライヤーの特性を国ごとに整理したが，エクセレントサプライヤーにしぼってもおしなべて類似の傾向がその進化経路に見いだせたといえる。

(3)「壁」を克服するための条件

ここまで，エクセレントサプライヤー9社を中心にイノベーションのプロセスを整理してきた。その中身や今後の方向性は各社各様の要素があるものの，「壁」を乗り越えたサプライヤーには，共通の要素があるのも事実である。ここでは，その共通要素について指摘したい。具体的には，環境変化の察知能力，資源再編成能力，リードユーザーとコア技術，経営者の戦略構築能力とリーダーシップである。こうした要素は，Teece（1997；2007）のダイナミック・ケイパビリティ戦略に通底し，土屋（2017）および土屋他（2017）が中堅企業の成長戦略として示した要素とも一部重なるが，アジアのローカル2次サプライヤーにとっては，「壁」の克服＝イノベーションのカギになってくる。

① 環境変化の察知能力

顧客やライバル企業，あるいは技術トレンドや政策動向といった事業環境は常に変化している。自動車産業のように関連市場が大きく，技術開発も盛んで一国の政府の産業政策においても重要視されている産業であれば，なおさらであろう。動態的な事業環境のなかでは，常にアンテナを張り巡らし現在の環境に適応するだけではなく，未来の事業環境の変化を先取りして対応していくような能力が求められてくる。環境変化の察知能力は，イノベーションを起こすための前提条件といってもよい。

本書が調査対象としたアジアローカル2次サプライヤーのなかで，日本のエクセレントサプライヤーは，円高や自動車メーカーの海外生産拡大の脅威に適応するため，事業転換，設備投資，グローバル化などを推進してきた。またタイのエクセレントサプライヤーも，そうした環境変化に対応し，察知能力を磨き上げてきたサプライヤーである。日本とタイの自動車産業は通貨危機やリーマンショックなど，これまで幾度か自動車市場の縮小を経験しており，そこを潜り抜けて現在も事業を継続しているサプライヤーは，一定の環境変化の察知能力を有していると考えられる。環境変化は，もちろん経営者のセンス的な要素もあるだろうが，一方で顧客との日常的な取引関係から情報が得られることが多い。同業他社も含めて，広くネットワークをもった企業のほうが，こうした情報収集能力に長けていると考えられる。本文ではあまり触れなかったが，今回取り上げた9社のエクセレントサプライヤーでは，経営者が事業活動の推進役を担っており，積極的に顧客や同業他社とコンタクトして，広く情報交換をしているケースが多かった。

② 資源再編成能力

事業環境の変化を俊敏に正確に察知することはイノベーションの必要条件であるが，それに応じて経営資源を再編成できなければ先に進むことはできない。経営資源の再編成とは，既存の経営資源のポートフォリオを組み替えるだけではなく，必要な経営資源を外部から迅速に調達する能力も含んでいる。

一般に，中小企業は大企業以上に状況変化や環境脅威を受ける機会が多いと考えられる。中小企業の経営資源は，限定されているからである。企業の寿命は「大企業30年，中小企業10年」と言われるように，規模が小さければ状況変動の影響を強く受け，10年おきに危機に直面することもある。この点は，アジアのローカル2次サプライヤーも例外ではない。

環境変化による脅威や経営危機は，ペンローズの言葉を借りれば，「未利用の資源」が生まれている状態を指す（Penrose，2009）。資源や能力が利用されない状況は，中小企業の場合には，経営の非効率，赤字にとどまらず危機につながり，資源や能力の再編成が必要な局面である。一方で未利用の資源や能力の存在は，環境変化の察知能力を通じて新たな事業構想やその実行（「変革」）の引き金となる点に注目する必要がある。未利用な資源の存在が，企業のダイナミックな変動や経営改革に向かう動因になるということである。

本書で取り上げたエクセレントサプライヤーをはじめ，日本とタイのサプライヤーは，これまで何度か危機を乗り越えて今日まで事業を継続させている。日本のローカル2次サプライヤーが直面した危機は，円高の急進や国内自動車市場の成熟による事業機会の縮小などである。こうした構造的な危機に対し，たとえば多賀製作所は2000年代当初からタイと中国の二拠点でグローバル化を進めてきた。また山本製作所は工場，設備への先行投資を通じて顧客の多角化を推進してきたし，米国工場への進出に活路を見いだしてきた。豊島製作所はスピーカー部品からの事業転換で成功した企業であり，高度な冷間鍛造技術を中核に自動車プレスに設備投資を集中させてきた。いずれも機械設備という必要な経営資源を外から調達したり，既存の経営資源の投入先を柔軟に変えたりした格好の事例といえる。

一方，タイのローカル2次サプライヤーは，1990年代末の通貨危機，2008年の世界同時不況，そして2011年の洪水被害とファーストカーバイヤー政策[(2)] が終了した2012年末以降の自動車市場の低迷といった危機の局面を経験

---

(2)　自動車の初回購入者に物品税を払い戻す税制優遇措置。この減税措置を受けた自動車購入者は，自動車を5年間保有し続けなければならない。

してきている（椎野，2015）。タイの場合，危機の性質は構造的というよりも突発的であり，それゆえに機動力のある対応が必要であった。たとえばMahajak社は，1990年代に熱間鍛造のエンジン部品とハブといった困難な部品分野へ敢えて展開し，その後の景気後退期でも大幅な受注減に見舞われずに済んだ。Siam Senater社は，通貨危機の際にバリューチェーンの川下へ展開し，顧客内製工程を積極的に取り込んだ。SP Metal Part社は，通貨危機時にトヨタ生産方式を取り入れ日系メーカーの要求するQCDを実現したし，2008年の世界同時不況の際には，ステンレスの排気システムの分野へ進出し，その後の事業拡大につなげている。いずれも危機をチャンスに変えて，その後の事業発展を実現したケースといってよいだろう。

③ リードユーザーとコア技術

環境変化を察知し，経営資源の再編成を行うというのは，いずれもイノベーションを起こすための条件である。しかし，これは何もローカル2次サプライヤーのような中小企業に限ったことではない。大企業にとっても必要な能力であるのは論を待たないだろう。これに対し，リードユーザー（土屋他，2011）とコア技術は，ローカル2次サプライヤーのイノベーションにある程度特有の要素といってよい。生産財（自動車部品）の特注品ビジネスで必要とされる要件でもある。今回，エクセレントサプライヤーとして取り上げた9社はユニークなコア技術をもっている。そして，それはいずれも取引先との関係的技能をもとに「工程設計能力」を中心に構築されてきたものであり，ライバルよりも高いQCDを実現する基盤となっていることが共通点である。

たとえば多賀製作所は，多品種少量型のマルチフォーミングマシンを使った加工技術に特徴があり，高度な金型技術と連動しフレキシブルな複雑成型を可能にするのみならず，工数の大幅削減も実現している。山本製作所の精密金型技術に裏打ちされたファインブランキングプレスは，機械加工せずに平滑なせん断面が得られるため，従来のプレスと機械加工の組み合わせよりもはるかに生産効率が高い。また，豊島製作所は冷間鍛造技術と板金プレス加工を組み合わせた5つの独自技術をもっており，差別化による高い競争力を実現している。

タイや中国のエクセレントサプライヤーは，日本と比べると総合的な技術力は劣るかもしれない。しかし各社ともに，最新鋭の外国設備や技術を導入している。また，それだけにとどまらず自社内で工程設計能力を磨き上げ，独自のコア技術と呼べるものは有している。タイのMahajak社は，熱間鍛造から技術的に難しい冷間鍛造に転換し，現在では量産技術を確立している。Siam Senater社は，もともとは単純なプレス加工であったが，工程の自働化技術を確立しつつある。SP Metal Part社は，プレスに溶接と塗装を組み合わせた複合加工技術を得意とする。中国のC14社は，欧米の最新設備をもとに，発砲樹脂成型加工，フェルト加工など特殊加工と搬送の技術を有している。宏宇汽車零部件は，技術的に難しい冷間鍛造のプレス加工を基本とし，特に連続深絞りラインを実現する技術力をもっている。巨発金属部件は，プレス・溶接の自働化を実現しており，専用機械の開発力にも特徴がある。

ここで強調したいのは，以上に挙げた事例がいずれも取引先の1次サプライヤーの要求に応えるために，「顧客」と共に愚直に工程設計能力を向上させてきた成果ということである。そして重要なのは，これらのコア技術が今日では買手である1次サプライヤー，自動車メーカーを超える水準に達しており，独自の提案ができる強みを獲得している点である。第1章でも触れたように，2次サプライヤーは限られた分野にある程度特化しているため，特定の技術，工法についての知識，技術力，現場の経験値は1次サプライヤー，自動車メーカーを上回り，顧客からすべてを一任されるケースが想定できる。エクセレントサプライヤーが単なる賃加工業者にとどまっていないのは，こうしたコア技術をもとに顧客に対しても，高い提案力，交渉力を有しているからと考えられる。

一方で，中国民族系自動車メーカーとサプライヤーの間では独自の関係的技能が生まれている。事例研究のC14社と巨発金属部件のケースで説明したように，中国民族系自動車メーカーは製品開発能力が不足しているため，サプライヤーに製品開発を任せているケースがある。本書では「承認図的」取引と呼んでいるが，こうした製品開発能力不足の顧客との取引を通じてサプライヤーが逆説的に製品開発能力を先取りして構築していくケースも，一種のリードユーザーを通じたコア技術の形成といってよいだろう。

④ 経営者の戦略構築能力とリーダーシップ

今回行った60社のローカル2次サプライヤー調査から見れば，経営者は各設計能力の壁を克服するための先導者として重要な役割を担っていることがわかる。中小のサプライヤーの場合は，社長やコア製品・事業の開発を統括する幹部などが該当する。経営者は，イノベーションや新たな成長へむけてリーダーシップを発揮している。

この役割は，Penrose（1962）の経営者における「企業家機能」がそれであり，危機を感知し，資源能力の再編成を行い，将来のビジネス構想を描き，また実施に向けて社員の意識のベクトル合わせを行うのは，企業家機能の例である。この点は，経済学書の古典が示す真理であり，今回の事例研究の中でも確認できた事柄でもある。

各国の経営者は，いずれも企業家精神の旺盛な経営者にリードされている。日本は創業・設立の歴史も古く，代替わりの時期に来ている。日本のローカル2次サプライヤーは，顧客との長期取引，関係的技能の蓄積により，工程設計能力を磨き上げ,「ものづくり指向」のイノベーションを追求する指向が強い。成長戦略も本業（自動車）指向が徹底しているため，自動車メーカーと同様に，サプライヤーもグローバル化による成長を追求する傾向をもつ。

タイは，成長経済と緩やかな競争という経営，事業環境の中で企業家精神は自然と旺盛である(3)。自動車産業の歴史が比較的長いタイも，現在，創業者世代から次の世代に代替わりする局面を迎えている。規模拡大，収益拡大の指向は強く，日本のようなものづくり指向の能力構築を優先する傾向は，全般的にいうと弱い。収益拡大を優先し，成長のためのドメイン開発を重視し，顧客多

---

(3)　この点を捉えて，華人系経営者の旺盛な成長指向と見る向きもある。しかし，それも一因かもしれないが，経営環境の要素は無視できない。

角化だけでなく，製品多角化の規模拡大の戦略を追求する傾向にあることが，一般的に認められる。しかし，今回エクセレントサプライヤーとされた企業について見ていくならば，タイ企業であっても，製品分野，顧客分野における成長戦略の前に，QCDを目標とした工程設計能力の向上という，日本の中小企業に類似した性向があることは見逃せない。しかも，その性向は，日本のように現場から自然発生的に生まれてきたというよりも，管理層，トップの主導のもとで日本の設備，技術の導入によって行われているのである。

中国は日本とタイの中間形態であるが，日本のものづくり指向の傾向も強く，本業（自動車）中心の能力構築，収益拡大を同時に追求する傾向をもつ。ものづくり能力は，外資系や海外の先端設備で補い，高い資金調達能力をいかして規模の拡大，収益の成長を目指す戦略を追求するという点で，経営者はリーダーシップを発揮している点が特徴である。

このように，タイがもっとも分かりやすい形で，経営者のリーダーシップが壁突破の要因になっているが，三カ国のエクセレントサプライヤーにも共通していることはいうまでもない。特に，日系メーカーのように現場発の事業展開が難しいタイにおいてこそ，明示的にこの経営者のリーダーシップの問題は重要性を持って来たのである。

【参考文献】

藤本隆宏（2004）『日本のもの造り哲学』日本経済新聞社.

丸川知雄（2007）『現代中国の産業：勃興する中国企業の強さと脆さ』中央公論新社.

元橋一之（2006）「日本経済のグローバル化の進展と中小企業に与える影響」日本政策金融公庫『中小企業総合研究』5，pp.1-20.

Penrose, E.T. (2009) The Theory of the Growth of the Firm., Oxford university press.

椎野幸平（2015）「変容するASEANの自動車産業集積」『海外投融資』24(3)，pp.50-52.

Teece, D.J., Pisano, G. & Shuen, A. (1997) “Dynamic capabilities and strategic management.”, *Strategic management journal*, 18(7), pp.509-533.

Teece, D.J. (2007) “Explicating dynamic capabilities: the nature and microfoundations of (sustainable) enterprise performance.," *Strategic management journal*, 28(13), pp.1319-1350.

土屋勉男・原頼利・竹村正明（2011）『現代日本のものづくり革新―革新的企業のイノベーション』白桃書房.

土屋勉男（2017）「中堅グローバルニッチトップ企業のダイナミック・ケイパビリティ戦略：「成長の壁」を突破する資源・能力の新結合」『商工金融』67(9), pp.41-63.

土屋勉男・金山権・原田節雄・高橋義郎（2017）『事例でみる中堅企業の成長戦略―ダイナミック・ケイパビリティで突破する「成長の壁」』同文館出版.

（赤羽　淳・土屋勉男・井上隆一郎）

終章
総括

本書の目的は，アジアのローカル2次サプライヤーに焦点をあてて，企業の能力構築と進化経路の特性，そしてイノベーションのプロセスを分析することであった。この終章では，本書のファインディングをあらためて簡潔にまとめるとともに，全体の分析を通じて引き出された実務的な示唆を提示することで，本書の締めくくりとしたい。アジアローカル2次サプライヤーの特性を理解し，サプライチェーンの中に彼らを適切に取り組むことは，日系自動車メーカー，1次サプライヤーが深層の現地化を進めるうえで有効な手段となってこよう。

(1) 本書のファインディング

① 工程設計・製品設計・ドメイン設計

本書では，まず工程設計，製品設計，ドメイン設計という評価枠組みを構築し，それを用いてアジアローカル2次サプライヤーの能力構築の評価を行った。本書の最大の特長は，この3軸からなる評価の枠組みにある。

本書の問題関心の源流である浅沼萬里の枠組みは，完成品メーカーと取引する1次サプライヤーを暗黙裡に前提にしたものであった。したがって，完成品メーカーが1次サプライヤーに求める関係的技能は，製品設計能力を中心としたものと考えられた。いいかえれば，1次サプライヤーの承認図作成能力がキーポイントとなっていた（浅沼，1997）。

これに対し，2次サプライヤーを対象にした場合，顧客である1次サプライヤーから求められる「関係的技能」は，浅沼が想定した製品設計を中心とした内容だけではないだろう，というのが本書の問題関心の出発点であった。この仮説を明らかにするために，我々は代表的な1次サプライヤーに対するインタビューを通じて，企業が発注先の2次サプライヤーに求めている能力は工程設計能力に集中していることを明らかにした。加えて，「関係的技能」の観点とは別に，2次サプライヤーの事業特性から「1次サプライヤーに対する独立性の確保」という視点も考慮する必要性を論じた。そしてこの視点から考えると，2次サプライヤーの場合でも，製品設計能力が依然として重要な点に加えて，ドメイン設計という新たな評価軸を加える必要がある点を示したのである。

また本書は，各設計能力の発展段階のなかで，2次サプライヤーが乗り越えることが難しい「壁」の存在も提示した。工程設計能力では，「製造装置・治工具・型の自社設計ができるか」という第一の「壁」と「複数工程間のシステム設計ができるか」という第二の「壁」を提示した。製品設計能力では，図面への改善提案（VA/VE）にとどまらず，「自社で製品設計ができるか」，いいかえれば「承認図を作成できるか」という「壁」を提示した。ドメイン設計能力では，「同種の部品・加工から異種（複数種）の部品・加工へ展開できるか」という「壁」を提示している。それらの壁は単に技能・技術面だけでなく，取引関係や経営者の指向などとも関係してくる。そしてこれらの「壁」を乗り越えるプロセス，メカニズムをローカル2次サプライヤーのイノベーションと定義したことも本書の特長といえよう。

② ローカル2次サプライヤーの能力構築と進化経路―企業国籍別の差異

以上に示した枠組みをもとに，本書では日本，タイ，中国のローカル2次サプライヤー60社に対して訪問調査を行い，彼らの能力構築を評価した。まず全体の傾向をつかむために，訪問調査の結果をもとにポジショニング分析と統計分析を行ったが，そこでは日本，タイ，中国という企業国籍別に異なる傾向が表れた。日本のローカル2次サプライヤーは機能部品の生産，加工を中心とし，いずれの設計能力でももっとも高い平均点を獲得した。一方で，タイや中国は工程設計や製品設計といったものづくり能力では日本よりも劣っていた。またタイと中国を比べた場合，ものづくり能力はやや中国が上回る一方[(1)]，ドメイン設計能力ではタイのパフォーマンスのほうが高かった。そしてそうした企業国籍別の差異の背景については，各国の自動車産業の発展段階や市場の成

(1)　ただし第2章で示したように，統計的に有意な差はなかった。

長性，あるいは企業家精神や主に生産，加工している部品の特性の違い（機能部品/一般部品）との関係が考えられたのである。

以上のように，3軸からなる評価枠組みを使って分析した結果，各国ローカル2次サプライヤーの能力構築の傾向が，3次元で異なることが明らかになった。この点は，工程設計能力，製品設計能力，ドメイン設計能力を個別にみる視点が一定の有効性をもつことを意味しよう。浅沼の枠組みは，工程設計能力の多寡が製品設計能力の多寡に直結し，ドメインの多角化はその従属変数として位置づけられた。つまりそれはほぼ貸与図から承認図方式に進化する一次元の評価軸であった。確かに本書でも示したように，工程設計能力と製品設計能力の間には強い相関があり，両者が相乗効果をもたらしているのは間違いない。ただし浅沼の評価軸では，工程設計能力と製品設計能力の進捗の微妙な違いやドメイン指向からもたらされる差異は捨象される。とりわけタイのローカル2次サプライヤーのドメイン指向は，日本や中国との明らかな違いであり，本書で提示した3次元の評価枠組みで検証したからこそ，明らかになった点といえる。

本書では，個別に各国の企業を訪問してインタビューを行ったことにより，ローカル2次サプライヤーの能力構築にかかる定性的分析も行うことができた。日本のローカル2次サプライヤーは，全般的に工程設計能力を磨きながら製品設計能力を高めていく傾向が強いことが明らかとなった。今回の対象20社は，全般的にそうしたやり方を成功させて，今日まで生き残ってきた企業といえる。タイのローカル2次サプライヤーは，ものづくり能力の鍛錬よりもドメインの多角化を指向していく傾向が相対的に強かった。一方でものづくり能力の追求が弱いため，賃加工ビジネスに留まりやすい弱点もみられた。そして中国のローカル2次サプライヤーは，近年急速に成長した市場環境を背景に強気の大型設備投資を進めてものづくり能力を高めてきた。また中国民族系自動車メーカーとの取引のなかで，自律的に製品設計能力を高める2次サプライヤーがあり，それを本書では「承認図的」方式の取引と呼んだ。一方で，自動車市場の成長性が高いことから，ドメインの多角化に積極的に向かう企業はタイと比べて少ないことが明らかとなった。

③ アジアローカル２次サプライヤーのイノベーションプロセス

中小企業であり，1次サプライヤーと主に取引するアジアのローカル2次サプライヤーが事業を安定させるためには，まず工程設計能力に注力することが必須となってくる。それは，顧客である1次サプライヤーが2次サプライヤーに要求する関係的技能の基本要素だからである。そして工程設計能力を鍛えれば，その後の進化経路は複線的であることが本書の分析を通じて明らかとなった。一つは日本のローカル2次サプライヤーのように，工程設計能力を徹底追及する中で，製品設計面でも一定の能力構築を果たし，工程・製品設計の相互連携の効果を享受して，高いドメイン設計能力を獲得していく方法である。基本方向は工程設計能力を追求するなかで，顧客である1次サプライヤーよりも高い専門性を獲得し，加工方法の変更により承認図部品を提案する方向である。もう一つは，工程設計能力がある程度の段階になったら，取引先を「マスカスタマイズ」しドメインの多角化，安定化も実現させていく方向性である。こうした進化経路は，タイのローカル2次サプライヤーにみることができた。ただこの場合もある程度の工程設計能力の向上は必要と考えられ，その意味で2次サプライヤーは「関係的技能」を愚直に構築していくことが重要といえよう。

また各設計能力を高めていくなかで，それぞれに存在する「壁」を克服することが競争優位の確保と持続的経営のために必要であった。「壁」を克服することをローカル2次サプライヤーのイノベーションと呼んだゆえんである。「壁」を克服する＝イノベーションのためには，日々の能力構築に加えて，大胆な設備投資や最新型の機械の導入，生産技術の開発などがある。一方で機能部品のように生産・加工している部品の特性が1次サプライヤーとしての取引，承認図の壁の克服を促進させる領域もある。またグローバル化などが具体的なレバレッジとして働いて，ドメインの壁を克服する場合もある。またその背後には，通貨危機やリーマンショックなどの劇的な環境変化（悪化）があり，そのプロセスのなかでローカル2次サプライヤー自身が環境変化の察知能力や資源再編成能力を鍛えてきたことがうかがえた。また外的要因としては，環境変化以外に2次サプライヤーの能力構築を直接，間接に支援する顧客（リードユーザー）も大きな役割を果たしていた。そしてこうした外部環境に対して，自社の変数を柔軟にコントロールしていく存在として，陣頭指揮をとる経営者の戦略構築能力とリーダーシップの重要性も改めて確認されたのである。

(2) 新たなサプライチェーンの構築に向けて

本書が分析してきたように，アジアのローカル2次サプライヤーは，1次サプライヤーとはかなり異なる能力構築，進化経路をもっている。浅沼萬里の枠組みを基本的に援用した先行研究は，1次サプライヤーを評価する観点（承認図の作成能力の有無）で2次サプライヤーもみてしまうため，日本以外のローカル2次サプライヤーはどうしても評価が低くなってしまう。しかし本書で明らかにしたように，三カ国のローカル2次サプライヤーには共通点と相違点があり，タイや中国のエクセレントサプライヤーには評価すべき点も大いにあった。発注側はそうした特性をあらかじめ理解して，数多く存在するローカル2次サプライヤーの中からエクセレントなサプライヤーを見つけ出し，彼らをうまく使いこなすことが重要といえよう。以下，その具体的なポイントを示してみたい。

① 顧客を超えるコア技術をもつローカル2次サプライヤーを見極めよ

はじめに，企業国籍に限らずどこのローカル2次サプライヤーであっても，顧客を超えるコア技術を有しているか否かという点は，発注の際の見極めでもっとも重要である。このコア技術とは，基本的に工程設計能力を愚直に向上させた結果えられるものである。またそれは，製造技術はもとより生産技術面でも強みを発揮していなければならない。ローカル2次サプライヤーがこうしたコア技術をもっていれば，貸与図にもとづいた発注であっても，より生産性を高めるためのVA/VE提案がどんどん出てくるはずだからである。そしてそれらの提案が2次サプライヤー自身の携わるプロセスのみならず，前後のバリューチェーンも考慮したものとなっていれば，提案を出した企業はエクセレントサプライヤーといえよう。逆に，貸与図のとおりに生産，加工するだけであったり，提案を出してきてもそれが自社の作業のやりやすさのみを追求するものであったりしたら，それは平凡なローカル2次サプライヤーに過ぎない。このような文脈の「コア技術」をもつローカル2次サプライヤーをまずは見極めることが重要である。本書では，三カ国合計60サンプルという限られた調査であったが，日本のみならずタイや中国でも，こうしたエクセレントサプライヤーは存在していることが明らかとなった。

② 日本標準でタイや中国を評価しない

日系自動車メーカーや1次サプライヤーは，日本の標準を座標軸にして，アジアのローカルサプライヤーを評価してしまいがちである。しかし自動車産業の発展の歴史からみて，現時点でタイや中国のローカルサプライヤーの能力構築が日本より劣っていることは仕方のないことである。また日系自動車メーカーや1次サプライヤーは，工程設計と製品設計を中心とするものづくり能力だけでアジアのローカル2次サプライヤーを評価してしまいがちだが，それでは彼らのもつ第三の能力を見落とすことにもなろう。実際，本書の分析ではタイのローカル2次サプライヤーのもつドメイン設計能力の相対的高さ（ドメイン指向）が明らかとなった。発注先のドメイン設計能力が高ければ，多品種少量の発注も可能になるし，発注側のリスクを考慮した短期契約も気兼ねなく結べる。また中国のローカル2次サプライヤーは，中国民族系自動車メーカーとの取引で製品設計能力の独自の進化（「承認図的」取引）がみられる。いずれにせよ，各国自動車産業の発展段階やサプライチェーンの特性，あるいは経営者の指向性などを理解しながら，複眼的な視点（工程設計，製品設計，ドメイン設計）でアジアのローカルサプライヤーを評価する必要がある。

③ 日本のグローバル化した２次サプライヤーを活用せよ

日本の自動車市場が成熟し，日本の自動車メーカーや1次サプライヤーが相次いで海外進出するなか，経営資源の劣る2次サプライヤーは高いものづくり能力を梃に，ドメインを多角化することで国内市場に活路を見出してきた，というのがこれまでの定説であった（元橋，2006)。しかし今回，20社の日本の2次サプライヤーを訪問調査した結果，確かにそうした進化経路を辿ろうとしているサプライヤーもあったが，全体としてはグローバル進出を積極的にはかっていることが明らかとなった。実際，国内20社のうち13社は，海外に工場を進出させており，グローバル化はドメイン開発の共通の戦略ベクトルと言える。特に，エクセレントサプライヤーとして取り上げた3社は，グローバル化を通じて，ドメインの多角化をはかっていた。進出先はアジアに限らず，自動車先進国である米国も含まれていた。

海外に進出した日本の自動車メーカー，1次サプライヤーにとって，調達の現地化はコスト削減の有力手段である。そして，今回の調査では，日本の2次サプライヤーのグローバル化が進みつつあることがうかがえた。日系の自動車メーカー，1次サプライヤーにとって，深層の現地化をはかるための調達先は，現地のローカル2次サプライヤーに限ったことではない。これからはグローバル化した日本の2次サプライヤーも大いに活用すべきといえよう。

④ タイや中国のローカル２次サプライヤーは育成せよ

日系メーカーのサプライチェーンの特色は，長期的取引を通じてサプライヤーを育成していくことである。ただし，アジアのローカル2次サプライヤーに対しては，技術の流出や人材の高い流動性から，これまでそうした長期育成は避けられる傾向も少なくなかった。いいかえれば，企業間の信頼関係の構築が日本ほどはうまくいかなかった。

しかし本書の分析を通じて明らかになったのは，タイにしろ中国にしろ，サプライヤーによっては日系メーカーとの取引を積極的に望み，取引を通じて自社の能力構築を進めていこうとする高い意欲をもっていることであった。彼らはリードユーザーによる売り上げの引き上げ効果をうまく活用し，能力構築の成果を顧客との取引に誠実にフィードバックしようとしている。日系自動車メーカー，1次サプライヤーはそうした高い問題意識を有しているローカル2次サプライヤーを発掘して育成していけば，ウインウインの関係を構築することができるといえよう。

⑤ タイのローカル2次サプライヤーの育成方法

一口にアジアのローカル2次サプライヤーの育成といっても，国別の特性や経営者の指向，あるいは事業環境の違いを考慮しなければならない。タイの場合，現状ではものづくり能力が日本や中国より劣っている。これは日系メーカーとの取引に熱心なサプライヤーとそうでないサプライヤーに二極分化していることが原因だが，全体的には工程設計能力のさらなる向上に育成のポイントは絞るべきであろう。

また，タイの日系自動車メーカーの生産工場は，グローバル市場向けの輸出拠点の様相が強い。つまりタイは，自動車部品の共通化，プラットフォーム化の中心でもある。その意味でも，バリューチェーンの川上の2次サプライヤーが製品開発に関与する余地は相対的に小さくなる。加えて，本書で明らかにしたように，タイのローカル2次サプライヤーは製品設計能力を高めて1次サプライヤーへの昇格をねらうよりも，ドメインの多角化に向かう傾向がある。したがって，貸与図でのビジネスを前提に，ローカル2次サプライヤーの工程設計能力をもう一段引き上げる措置が有効となってこよう。なお，近年では日本の2次サプライヤーがタイに少しずつ進出を果たしてきている。ローカル2次サプライヤーの育成方法として，日本から進出してきた2次サプライヤーとの協業をさせたり，彼らと競争させたりすることも，有効な手立てになると考えられる。

⑥ 中国のローカル2次サプライヤーの育成方法

中国のローカル2次サプライヤーの特性は，日本のものづくり指向とタイのドメイン指向の中間形態であった。中国では2000年代末以降の自動車市場の急拡大によって，全般的に資金調達能力が高く，最新式の設備も導入している。したがって，中国では一般部品であれば，日本と同じような部品を低コストで生産できるようになっており，日系自動車メーカーや1次サプライヤーは，そうした低コスト部品を取り込んでいくことが必要である。

一方で，進化経路として中国のローカル2次サプライヤーが目指す方向は，日本のものづくり指向に近いということも明らかになっている。特に中国民族系自動車メーカーのサプライチェーンでは，「承認図的」な取引を通じて，一部のローカル2次サプライヤーが自律的に製品設計能力を有しつつある。こうした点を踏まえると，中国のローカル2次サプライヤーには，ある程度，製品開発を任せるかたちの育成方法が有効ではないだろうか。特にこれから中国の自動車市場では，電気自動車など現地仕様の製品の普及拡大余地が大きい。つまりタイとは逆に，製品開発の現地化ニーズが高まることが予測されるのである。これまで中国市場において，日系メーカーは貸与図を中心とした取引をローカルサプライヤーとしてきたが，今後は製品開発の一部を積極的にローカルサプライヤーへアウトソーシングする発想の転換が重要といえよう。つまり，生産の現地化から開発の現地化をにらんだサプライチェーンの再構築が求められてくる。

【参考文献】

浅沼萬里（1997）『日本の企業組織・革新的適応のメカニズム：長期取引関係の構造と機能』東洋経済新報社.

元橋一之（2006）「日本経済のグローバル化の進展と中小企業に与える影響」日本政策金融公庫『中小企業総合研究』5，pp.1-20.

（赤羽　淳）

あとがき

本書は，これまであまり注目されなかったアジアローカル2次サプライヤーを対象に，彼らの能力構築と進化経路，そしてイノベーションプロセスを具体的に描き出したものである。こうした本書の研究の着想は，著者たちの長年にわたる自動車関連企業のグローバル経営戦略にかかる研究の蓄積と経験がもとになっている。

我々3人は，もともと株式会社三菱総合研究所で主に自動車関連企業のグローバル経営戦略研究プロジェクトに携わってきた同僚である。研究プロジェクトは，クライアントが民間企業の場合もあれば官公庁の場合もあり，内容は多岐にわたったが，2000年代に入るころからアジア関連のプロジェクトが増えていった。ちょうどアジア諸国の自動車市場が拡大し始め，サプライチェーンもアジア大で構築することが求められた時期であった。ただ当時のプロジェクトの内容を振り返ると，マクロの市場調査や事業環境調査が主であった。アジア現地の産業基盤を調査するプロジェクトもあるにはあったが，ローカルサプライヤーの実態を解明するようなものはなかった。ローカルサプライヤーはほとんど使えないという暗黙の前提が，その理由であったのだろう。

その後，奇しくも3人は大学の研究者となり，アカデミックな視点で引き続き自動車関連企業のグローバル経営戦略にかかる研究を行うようになった。2012年の初夏，共同研究テーマを決めるために先行研究をサーベイしていたところ，自動車のサプライヤー関連の研究では，故浅沼萬里先生の枠組みが広く援用されていること，しかし一方で，その枠組みではアジアのローカルサプライヤーが低い評価しか与えられていないことを認識したのである。

今日，すでに日本の自動車関連企業にとってアジアはグローバル事業の中核的市場となっており，その重要性は論を待たない。自動車メーカーはいわずもがな，主な1次サプライヤーもアジア進出を果たしており，コストのさらなる削減のためには深層の現地化が必要という認識が業界に広がっている。一方で，アジアの産業基盤も近年では急速に発展していると見込まれ，ローカルサプライヤーの実力に関しても，改めて調査することが必要だろうと我々は考えたのである。

以上のような問題意識をもって，本書のもととなる共同研究は始まった。本書がまとまるまで足掛け6年の月日を要したが，その間，我々の研究成果は随時，学会報告や学術雑誌への投稿というかたちで行った。以下は，これまでに我々が発表してきた学会報告や学術雑誌論文の一覧である。

Jun Akabane and Hajime Yamamoto (2014) “Innovation Capability of Local Tier 2 Parts Suppliers in Asia.”, *22nd International Colloquium of GERPISA/Old and new spaces of the automotive industry: towards a new balance?*（国際学会報告）

AKABANE, J., TSUCHIYA, Y., INOUE, R. & YAMAMOTO, H. (2015) “Empirical Study on Capability Assessment of Asian Local Tier 2 Parts Suppliers.”, *Transactions of the Academic Association for Organizational Science*, 4(1), pp.108-113.

AKABANE Jun, Tsuchiya Yasuo, Inoue Ryuichirou, Yamamoto Hajime and Yang Zhuang (2016) “An Emprical Study on the Evolutionary Paths and Development of Capabilities of Local Asian Second Tier Automotive Parts Suppliers.”, *24th Gerpisa International Colloquium 2016-Puebla: The“ New Frontiers” of the world automotive industry: technologies, applications, innovations and markets.*（国際学会報告）

土屋勉男（2016）「アジアのローカル・サプライヤーのイノベーション能力に関する実証的研究―タイのローカル2次サプライヤーの事例研究を通じて」『桜美林経営研究』6，pp.1-20.

井上隆一郎（2016）「現地2次サプライヤーの技術能力―深化を制約するか。アジア自動車シンポジウム2016新興国における部品現地調達を考える―部品国産化ライフサイクルを一つの視座として」京都大学東アジア経済研究センター（国内シンポジウム報告）

土屋勉男・赤羽淳・井上隆一郎・楊壮（2017）「アジアのローカルサプライヤーのものづくりイノベーション能力に関する実証研究―中国サプライヤーの特性と評価を中心に」『産業学会研究年報』32，pp.51-68.

AKABANE, J. (2017) “Capability building and Evolutionary path of Second tier suppliers.”, *Transactions of the Academic Association for Organizational Science*, 6(1), pp.120-125.

Akabane, J., Tsuchiya, Y., Inoue, R., Yamamoto, H., & Zhuang, Y. (2017) "From product design to product, process and domain design capabilities of local tier 2 suppliers: lessons from case studies in Japan, Thailand and China.", *International Journal of Automotive Technology and Management*, 17(4), pp.385-408.

もちろん本書は，以上の学会報告，学術雑誌論文の単なる編集ではない。学会報告や学術雑誌論文ではどちらかというと個々の発表者，第一著者の個性が強く反映されているが，本書の執筆にあたっては，ローカル2次サプライヤーの能力構築と進化経路，そしてイノベーションの概念について，3人の著者間で入念にすり合わせたつもりである。実際，共同研究の開始から本書の上梓まで，3人での打ち合わせ回数は40回にも及んでいる。したがって，各章で執筆の担当は分けたものの，すべての章にわたって3人が共同で議論し，考え抜いたエッセンスが反映されているといってよいだろう。

また，本書の第3章から第5章のエクセレントサプライヤーの事例研究と第6章のイノベーションに関する総論は，本書のためにあらためて書き下ろしたものである。それに加えて，終章の「新たなサプライチェーンの構築に向けて」の節は，実業界と学術界の両方を経験している我々ならではの実務的な提言をしたためたつもりである。そうした意味でも，本書は幅広い読者層に新しい付加価値を提供するものと自負しているが，最終的な評価は読者の皆様に委ねたい。

本書の上梓にあたっては，さまざまな方にお世話になった。なかでも野村総合研究所タイランドの山本肇氏と2017年9月に桜美林大学で博士号（経済学）を取得し，現在は厦門大学嘉庚学院の講師である楊壮氏には，深く御礼を申し上げたい。山本氏はタイ，楊氏は中国におけるローカル2次サプライヤーへの訪問調査を全面的に支えて下さった。タイ，中国に幅広いネットワークを有し，現地語も堪能な両氏のサポートがなければ，我々3人の共同研究の実施は全く不可能であっただろう。本書をこうして上梓できたのも，両氏の全面的な協力のおかげである。

また，我々の訪問調査に応じて下さった日本，タイ，中国のローカル2次サプライヤー，1次サプライヤー，自動車メーカーの方々にも深く感謝したい。本書で直接分析対象としたのは60社のローカル2次サプライヤーだが，実際我々が訪問した2次サプライヤーは，日本：23社，タイ：23社，中国：26社にのぼる。12社を分析対象から外したのは，株式資本の国籍，加工分野（試作への特化），生産品目（非自動車分野）などの面で本研究のスコープに合わなかったことが理由だが，それらの会社でインタビューした内容も，本書の構想や分析に大いに役にたっている。また，本書の執筆までに，日系1次サプライヤー：3社，日系自動車メーカー：3社にも訪問している。そこでは，主に発注側の視点に関するインタビューを行ったが，その内容は工程設計，製品設計，ドメイン設計という本書の枠組み構築に深い示唆を与えるものであった。

本書の執筆にあたっては，自動車産業やグローバル経営戦略関連の学会や研究会で交流している多くの先生方からアドバイスをいただいた。なかでも藤本隆宏先生（東京大学大学院経済学研究科），新宅純二郎先生（東京大学大学院経済学研究科），上山邦雄先生（城西大学経済学部），塩地洋先生（京都大学大学院経済学研究科），ステファン・ハイム先生（京都大学大学院文学研究科）からは有用な示唆をいただいた。あわせて感謝を申し上げたい。

本書は，足掛け6年にわたる地道な企業訪問調査にもとづくが，そこでは相当額の研究費用が必要であった。本書は，文部科学省科研費基盤研究（C）研究課題/領域番号：25380511「アジア地場企業のものづくりイノベーション能力に関する実証研究」代表者：赤羽淳（2013年度～2015年度），文部科学省科研費基盤研究（C）研究課題/領域番号：16K03872「アジア中小地場部品企業の進化経路と能力構築にかかる実証研究」代表者：赤羽淳（2016年度～2018年度），証券奨学財団研究調査助成金「アジアローカル企業のものづくりイノベーション能力に関する実証的研究—日本・タイ・中国ローカルサプライヤーの能力構築要因の比較分析」代表者：赤羽淳（2015年度）の研究成果であることも付言しておく。

本書の出版にあたっては，同友館出版の佐藤文彦氏に大変お世話になった。佐藤氏は，遅筆な私たちに辛抱強く付き合ってくださった。結局，当初の予定から入稿が大幅に遅れてしまったが，最後まで著者たちがあきらめずに本書を執筆できたのは，佐藤氏からの叱咤激励によるところが大きかった。重ねて御礼申し上げたい。

以上のように，本書は多くの方々に支えられてできあがった成果である。ただし，本書で生じたすべての誤りは，3人の著者の責任に帰すことをあわせて申し添えておく。

2018年7月

著者代表　赤羽　淳

索　引

あ行

か行

さ行

た行

な行

は行

ま行

や行

ら行

著者略歴

赤羽　淳（あかばね じゅん）

東京大学経済学部経済学科卒業
東京大学大学院経済学研究科博士後期課程修了，博士（経済学）
株式会社三菱総合研究所主任研究員，横浜市立大学国際総合科学群准教授等を経て，
現在，中央大学経済学部准教授，株式会社三菱総合研究所客員コンサルタント

［主要業績］

Akabane J. et al. (2017) "From product design to product, process and domain design capabilities of local tier 2 suppliers: lessons from case studies in Japan, Thailand and China.", *International Journal of Automotive Technology and Management*, 17(4), pp.385-408

AKABANE, J. (2017) "Capability building and Evolutionary path of Second tier suppliers.", *Transactions of the Academic Association for Organizational Science*, 6(1), pp.120-125

赤羽淳（2016）「製品ライフサイクルと価格競争に関する考察」『赤門マネジメント・レビュー 15(10)』pp.489-508，ほか多数

土屋 勉男（つちや やすお）

東京工業大学大学院理工学研究科修士課程修了
株式会社三菱総合研究所取締役上席研究理事，明治大学大学院経済学研究科客員教授，桜美林大学大学院経営学研究科国際標準化研究領域教授等を経て，現在，桜美林大学大学院経営学研究科客員教授

［主要業績］

土屋勉男他（2017）『事例でみる中堅企業の成長戦略―ダイナミック・ケイパビリティで突破する成長の壁』同文館出版

土屋勉男（2017）「中堅グローバルニッチトップ企業のダイナミック・ケイパビリティ戦略」『商工金融』2017年9月号，pp.41-63

土屋勉男（2016）「革新的中小企業の事例研究に見る知財の創造と収益化」『一橋ビジネスレビュー 2016 SPR』pp.36-52，ほか多数

井上 隆一郎（いのうえ りゅういちろう）

東京大学経済学部経済学科卒業，埼玉大学大学院経済科学研究科修了，博士（経済学）
株式会社三菱総合研究所参与，政策経済研究センター長，青森公立大学大学院経営経済学研究科教授，東京都市大学都市生活学部，大学院環境情報学研究科教授等を経て，現在，桜美林大学ビジネスマネジメント学群，同大学院経営学研究科教授
［主要業績］
井上隆一郎（2018）「アジア現地企業へのTPS普及状況—台湾企業の事例研究」『桜美林経営研究第8号』pp.33-46
井上隆一郎（2017）「コミュニティビジネスにおける草の根イノベーション」『桜美林論考ビジネスマネジメントレビュー第8号』pp.1-11
井上隆一郎（2017）「台湾GIANT社の成長戦略」『産業学会年報2017 No.32』pp.69-87，ほか多数

2018年7月31日　第1刷発行

アジアローカル企業のイノベーション能力
―日本・タイ・中国ローカル2次サプライヤーの比較分析―

©著　者　赤羽　淳
土屋勉男
井上隆一郎

発行者　脇坂康弘

発行所　株式会社　同友館
〒113-0033 東京都文京区本郷3-38-1
TEL.03(3813)3966
FAX.03(3818)2774
https://www.doyukan.co.jp/

落丁・乱丁本はお取り替えいたします。　三美印刷／東京美術紙工
ISBN 978-4-496-05372-6　Printed in Japan